高校 これでわかる問題集

数学 III

文英堂編集部 編

文英堂

この本の特色

徹底して基礎力を身につけられるように編集

数学では，まず教科書レベルの基本的な問題を解けることが必要です。入試にも対応できる力は，**しっかりとした基礎力**の上にこそ積み重ねていくことができるのです。

2 便利な書き込み式

利用するときの効率を考え，**書き込み式**にしました。問題のすぐ下に解答を書けばいいので，ノートを用意しなくても大丈夫です。

参考書とリンク

問題は「これでわかる数学Ⅲ」の例題と同種の問題から選びました。この本の問題番号と参考書の例題番号は問題の内容が一致しているので，解き方がわからない場合の確認や復習に利用できます。

問題の縮刷つき

別冊解答の最後に問題の縮刷をつけました。コピーしてノートに貼れば何度でも繰り返し使うことができます。チェック欄も設けているので，
　①できた問題にチェックをする。
　②チェックのない問題だけコピーしてノートに貼ってあらためて解く。
　③できたら問題にチェックする。
　以上を，すべての問題にチェックが入るまで繰り返す。
という効果的な使い方ができます。

この本の構成

1 まとめ

この章で学ぶ内容を簡単にまとめました。キー番号は問題ページの **HINT** の内容に対応しています。

2 問　題

参考書の例題番号に対応する問題を集めました。右ページの下には **HINT** がついているのでうまく利用してください。各マークの意味は下のとおりです。
- **テスト**…定期テストに出ることが予想される問題。
- **必修**…特に重要な問題。この問題だけを選択して学習すれば，短時間で数学Ⅲの内容が理解できているかを確認することができます。
- **難**…難しい問題。

入試問題にチャレンジ

入試に対応できる力がついているか確認しましょう。

もくじ

1章 式と曲線
- まとめ …………………………………… 4
- 問題 ……………………………………… 6
- 入試問題にチャレンジ ………………… 16

2章 複素数平面
- まとめ …………………………………… 18
- 問題 ……………………………………… 20
- 入試問題にチャレンジ ………………… 25

3章 関数と極限
- まとめ …………………………………… 28
- 問題 ……………………………………… 30
- 入試問題にチャレンジ ………………… 51

4章 微分法とその応用
- まとめ …………………………………… 54
- 問題 ……………………………………… 57
- 入試問題にチャレンジ ………………… 74

5章 積分法とその応用
- まとめ …………………………………… 78
- 問題 ……………………………………… 81
- 入試問題にチャレンジ ………………… 102

▶ 別冊　正解答集

1章 式と曲線

1節 2次曲線

1-1 □ 放物線 ［定義］ 定点 F と定直線 l からの距離が等しい点の軌跡。

焦点 $F(p, 0)$，準線 $l: x = -p$
の放物線の方程式は $y^2 = 4px$

焦点 $F(0, p)$，準線 $l: y = -p$
の放物線の方程式は $x^2 = 4py$

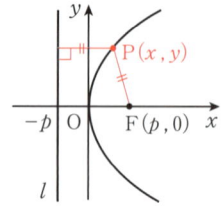
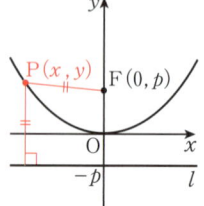

1-2 □ 楕 円 ［定義］ 2定点 F，F′ からの距離の和が一定である点の軌跡。

焦点 $F(c, 0)$，$F'(-c, 0)$ $(c > 0)$
からの距離の和が $2a$ である楕円

$\dfrac{x^2}{a^2} + \dfrac{y^2}{b^2} = 1$ ただし $b = \sqrt{a^2 - c^2}$

焦点 $F(0, c)$，$F'(0, -c)$ $(c > 0)$
からの距離の和が $2b$ である楕円

$\dfrac{x^2}{a^2} + \dfrac{y^2}{b^2} = 1$ ただし $a = \sqrt{b^2 - c^2}$

$a > b > 0$ のとき

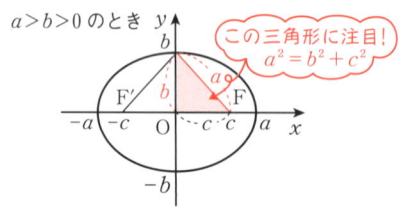

この三角形に注目！
$a^2 = b^2 + c^2$

$b > a > 0$ のとき

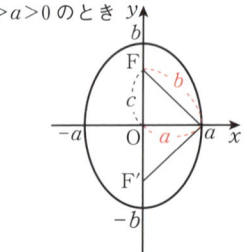

1-3 □ 双曲線 ［定義］ 2定点 F，F′ からの距離の差が一定である点の軌跡。

焦点 $F(c, 0)$，$F'(-c, 0)$ $(c > 0)$
からの距離の差が $2a$ である双曲線

$\dfrac{x^2}{a^2} - \dfrac{y^2}{b^2} = 1$ ただし $b = \sqrt{c^2 - a^2}$

焦点 $F(0, c)$，$F'(0, -c)$ $(c > 0)$
からの距離が $2b$ である双曲線

$\dfrac{x^2}{a^2} - \dfrac{y^2}{b^2} = -1$ ただし $a = \sqrt{c^2 - b^2}$

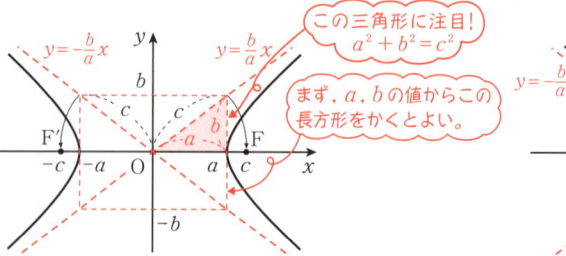

この三角形に注目！
$a^2 + b^2 = c^2$

まず，a, b の値からこの長方形をかくとよい。

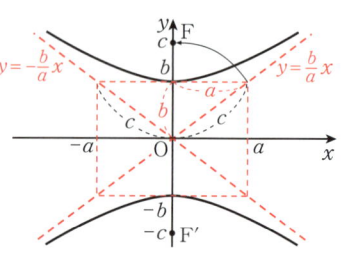

［漸近線］ 双曲線 $\dfrac{x^2}{a^2} - \dfrac{y^2}{b^2} = \pm 1$ の漸近線は $y = \dfrac{b}{a}x$，$y = -\dfrac{b}{a}x$

1-4 □ 図形の平行移動

方程式 $f(x, y)=0$ で表される図形を x 軸方向に p, y 軸方向に q だけ平行移動した図形の方程式は $f(x-p, y-q)=0$

1-5 □ 2次曲線と直線の位置関係

2次曲線 $f(x, y)=0$ と直線 $ax+by+c=0$ の方程式を連立方程式と考える。

その連立方程式から，x または y を消去した方程式が

① 2次方程式であるとき，その判別式を D とすると

$D>0 \iff$ 2点で交わる

$D=0 \iff$ 1点で接する

$D<0 \iff$ 共有点をもたない

② 1次方程式であるとき，1点で交わる。

2次曲線上の点 (x_1, y_1) における接線の方程式

	曲線の方程式	接線の方程式
円	$x^2+y^2=a^2$	$x_1x+y_1y=a^2$
楕円	$\dfrac{x^2}{a^2}+\dfrac{y^2}{b^2}=1$	$\dfrac{x_1x}{a^2}+\dfrac{y_1y}{b^2}=1$
双曲線	$\dfrac{x^2}{a^2}-\dfrac{y^2}{b^2}=\pm 1$	$\dfrac{x_1x}{a^2}-\dfrac{y_1y}{b^2}=\pm 1$
放物線	$y^2=4px$	$y_1y=2p(x+x_1)$

1-6 □ 2次曲線の統一的な見方 (2次曲線の定義)

$\dfrac{\text{PF}}{\text{PH}}=e$ (e：離心率) を満たす点 P の軌跡

$\begin{cases} 0<e<1 \text{ のとき} & \text{楕円} \\ e=1 \quad\text{のとき} & \text{放物線} \\ e>1 \quad\text{のとき} & \text{双曲線} \end{cases}$

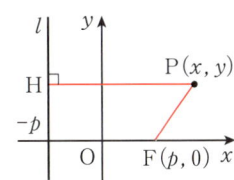

2節 媒介変数表示と極座標

1-7 □ 曲線の媒介変数表示

円 $x^2+y^2=a^2 \iff \begin{cases} x=a\cos\theta \\ y=a\sin\theta \end{cases}$

楕円 $\dfrac{x^2}{a^2}+\dfrac{y^2}{b^2}=1 \iff \begin{cases} x=a\cos\theta \\ y=b\sin\theta \end{cases}$

双曲線 $\dfrac{x^2}{a^2}-\dfrac{y^2}{b^2}=1 \iff \begin{cases} x=\dfrac{a}{\cos\theta} \\ y=b\tan\theta \end{cases}$

1-8 □ 極座標と直交座標

$\text{P}(r, \theta) \iff \text{P}(x, y) \quad \begin{cases} x=r\cos\theta \\ y=r\sin\theta \end{cases}$

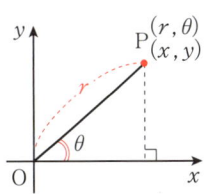

1 放物線

1 ［放物線の焦点と準線］
次の放物線の焦点および準線を求めよ。

(1) $y^2 = 2x$ 　　　　　　　　(2) $x^2 = -2y$

2 ［放物線の方程式と概形］
次の放物線の方程式を求めよ。また，その概形をかけ。

(1) 焦点 $(-1, 0)$，準線 $x = 1$ 　　　(2) 頂点 $(0, 0)$，準線 $y = -3$

3 ［軌跡の求め方(1)］
直線 $x = -2$ に接し，定点 $A(2, 0)$ を通る円の中心 P の軌跡を求めよ。

4 [軌跡の求め方(2)]
　$x>0$ の範囲で y 軸に接し，円 $(x-3)^2+y^2=9$ に外接する円の中心Pの軌跡を求めよ。

2　楕　円

5 [楕円の概形] 必修 テスト
　楕円 $4x^2+9y^2=36$ の頂点，焦点および長軸，短軸の長さを求め，その概形をかけ。

6 [楕円となる軌跡] テスト
　長さ 6 の線分 AB があり，端点 A は x 軸上，端点 B は y 軸上を動くとき，線分 AB を $2:1$ に内分する点 P の軌跡を求めよ。

HINT　**1**,**2**　放物線の性質を利用する。　1-1
　　　3,**4**　点 P の座標を (x, y) とし，条件から x, y の関係を導く。
　　　5　楕円の性質を利用する。　1-2
　　　6　点 P の座標を (x, y) とし，条件から x, y の関係を導く。

➡ 解答 p.4

7 ［楕円の方程式］
楕円 $\dfrac{x^2}{5}+\dfrac{y^2}{2}=1$ と同じ焦点をもち，点 $(0, 1)$ を通る楕円の方程式を求めよ。

8 ［円の拡大・縮小で楕円を求める］
円 $x^2+y^2=6^2$ を次のように拡大，縮小したときの楕円の方程式を求めよ。

(1) y 軸方向に $\dfrac{2}{3}$ 倍に縮小

(2) x 軸方向に $\dfrac{3}{2}$ 倍に拡大

3　双曲線

9 ［双曲線の方程式］ テスト
2 定点 $F(4, 0)$，$F'(-4, 0)$ からの距離の差が 6 である双曲線の方程式を求めよ。

10 [双曲線の概形(1)] 必修 テスト
双曲線 $\dfrac{x^2}{4}-y^2=1$ の焦点,漸近線を求めて,概形をかけ。

11 [双曲線の概形(2)]
双曲線 $\dfrac{x^2}{4}-\dfrac{y^2}{5}=-1$ の焦点,漸近線を求めて,概形をかけ。

12 [双曲線の方程式]
焦点が F(5, 0),F′(−5, 0),2頂点間の距離が6の双曲線の方程式を求めよ。

HINT　**7** 楕円の性質を利用する。 ☞ 1-2
　　8 円周上の点を Q(u, v),求める楕円上の点を P(x, y) とし,条件を式で表し,u, v を消去し,x, y の関係を導く。
　　9〜**12** 双曲線の性質を利用する。 ☞ 1-3

13 ［双曲線の性質の証明］

双曲線 $\dfrac{x^2}{a^2} - \dfrac{y^2}{b^2} = 1$ 上の点 P を通り，y 軸に平行な直線が 2 つの漸近線と交わる点を Q, R とするとき，PQ・PR は一定であることを証明せよ。

4　図形の平行移動

14 ［楕円の平行移動］

楕円 $\dfrac{(x-1)^2}{16} + \dfrac{(y+2)^2}{9} = 1$ の焦点を求めよ。また概形をかけ。

15 ［双曲線の平行移動］ テスト

双曲線 $9x^2 - 4y^2 + 18x + 24y + 9 = 0$ の焦点，漸近線を求めよ。また概形をかけ。

5 2次曲線と直線の位置関係

16 ［2次曲線と直線の共有点］
次の2次曲線と直線との共有点の座標を求めよ。

(1) $x^2+4y^2=16$ …① $x+y=2$ …②

(2) $y^2=4x$ …① $y=x+1$ …②

17 ［双曲線と直線が接する条件］ 必修 テスト
双曲線 $\dfrac{x^2}{9}-\dfrac{y^2}{4}=1$ …①と直線 $y=x+k$ …②とが接するときの k の値と，その接線の方程式を求めよ。

6 2次曲線の統一的な見方

18 ［2次曲線の軌跡］
定点 F(1, 0) と定直線 $l:x=4$ がある。点 P から直線 l に垂線 PH を引くとき，PF：PH＝1：2 を満たす点 P の軌跡を求めよ。

HINT **13** $P(x_1, y_1)$ とおき，Q，R の座標を求め与式を計算する。 ◯→ 1-3
14, **15** $\begin{matrix} x\text{軸方向に } p \\ y\text{軸方向に } q \end{matrix}\bigg\}$ だけ平行移動 $\begin{cases} x \to x-p \\ y \to y-q \end{cases}$ ◯→ 1-4
16, **17** 2次曲線と直線の位置関係。 ◯→ 1-5
18 点 P を (x, y) とし，条件から x, y の関係を導く。 ◯→ 1-6

7 曲線の媒介変数表示

19 ［円の媒介変数表示］
次の円の媒介変数表示を求めよ。

(1) $x^2+y^2=16$ (2) $x^2+y^2=5$

20 ［楕円の媒介変数表示］
次の楕円の媒介変数表示を求めよ。

(1) $\dfrac{x^2}{16}+\dfrac{y^2}{9}=1$ (2) $\dfrac{x^2}{9}+\dfrac{y^2}{25}=1$

21 ［媒介変数表示された図形］
次の媒介変数表示はどのような曲線を表すか。

(1) $\begin{cases} x=4\cos\theta+3 \\ y=3\sin\theta+1 \end{cases}$ (2) $\begin{cases} x=\dfrac{3}{\cos\theta} \\ y=2\tan\theta \end{cases}$

22 ［インボリュート］
右の図のように原点Oを中心とする半径 a の円に巻きつけられた糸の端Pをひっぱりながらほどく。点Pは最初 A(a, 0) にあり，糸と円との接点をQとおき，OQと x 軸のなす角を θ として，点Pの描く軌跡を媒介変数 θ を用いて表せ。

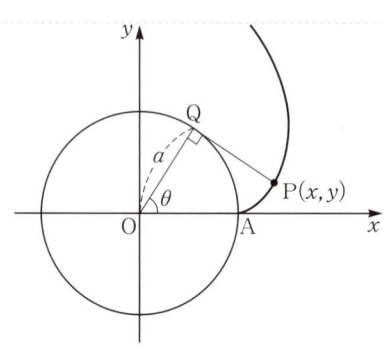

8 極座標と極方程式

23 ［極座標→直交座標］
極座標が次のような点の直交座標を求めよ。

(1) $\left(2, \dfrac{\pi}{6}\right)$

(2) $(3, \pi)$

(3) $\left(4, \dfrac{7}{4}\pi\right)$

24 ［直交座標→極座標］ 必修
直交座標が次のような点の極座標 (r, θ) を求めよ。（ただし，$0 \leqq \theta < 2\pi$）

(1) $(1, -\sqrt{3})$

(2) $(-\sqrt{2}, \sqrt{2})$

(3) $(0, 1)$

HINT **19～21** 2次曲線の媒介変数表示。 **1-7**
22 図から，x, y を a, θ で表す。
23, 24 極座標 ⟺ 直交座標 **1-8**

9 極方程式

25 ［直交座標の方程式→極方程式］
次の直交座標による方程式を，極方程式に直せ。

(1) $\sqrt{3}x+y-2=0$

(2) $\dfrac{x^2}{3}-y^2=1$

(3) $x^2+y^2-2x-2\sqrt{3}y=0$

26 ［極方程式→直交座標の方程式］
次の極方程式を，直交座標による方程式に直せ。

(1) $r\cos\left(\theta+\dfrac{\pi}{3}\right)=1$

(2) $r=4\sin\theta$

(3) $r=\sqrt{2}\cos\left(\theta+\dfrac{\pi}{4}\right)$

27 [2次曲線と極方程式]

直交座標において，点 F(1, 0) と直線 $l: x=4$ がある。点 P から直線 l に垂線 PH を引くとき，PF：PH＝1：2 を満たしながら動く点 P がある。F を極，x 軸の正の部分の半直線とのなす角 θ を偏角とする極座標を定めるとき，次の問いに答えよ。

(1) 点 P の軌跡を $r=f(\theta)$ の形の極方程式で表せ。（ただし，$0 \leq \theta < 2\pi$，$r>0$）

(2) 点 F において垂直に交わる 2 直線が，(1)で求めた曲線によって切り取られる線分を AB，CD とするとき，$\dfrac{1}{AB}+\dfrac{1}{CD}$ の値を求めよ。

HINT 25, 26 極座標 (r, θ) ⟺ 直交座標 (x, y)　　$x=r\cos\theta$，$y=r\sin\theta$，$x^2+y^2=r^2$

27 (1) 点 P の極座標を (r, θ) とし，条件を r，θ で表し，$r=f(\theta)$ で表現する。
　　(2) A，B，C，D を極座標でおき，AB，CD の長さを求める。

入試問題にチャレンジ

1 曲線 $2y^2+3x+4y+5=0$ について，焦点の座標と準線の方程式を求めよ。 （山梨大・改）

2 曲線 $2x^2-y^2+8x+2y+11=0$ について，焦点の座標と漸近線の方程式を求めよ。 （慶應大・改）

3 xy 平面上の楕円 $4x^2+9y^2=36$ を C とする。 （弘前大）

(1) 直線 $y=ax+b$ が楕円 C に接するための条件を a と b の式で表せ。

(2) 楕円 C の外部の点 P から C に引いた 2 本の接線が直交するような点 P の軌跡を求めよ。

4 Oを原点とする座標平面上に曲線 C がある。C は媒介変数 t により，$x=\dfrac{1}{\cos t}$, $y=\sqrt{3}\tan t$ で表されるとする。ただし，$\cos t \neq 0$ とする。

(法政大・改)

(1) C の方程式は ア である。

(2) C の，傾きが正である漸近線 l の方程式は $y=$ イ である。

(3) C 上の点 $\mathrm{P}\left(\dfrac{1}{\cos t}, \sqrt{3}\tan t\right)$ と l の距離を d とおくと $d^2=$ ウ である。

5 平面上の曲線 C が極方程式 $r=\dfrac{4}{3-\sqrt{5}\cos\theta}$ で表されている。

(日本大)

(1) C は直交座標で ア と表された楕円を x 軸方向に イ だけ平行移動したものである。

(2) 直交座標で $y=\dfrac{1}{3}x$ と表される直線と C の第1象限内の交点を P とすると，OP の長さは ウ である。

2章 複素数平面

1節 複素数平面

2-1 □ 複素数平面

複素数 $z = a+bi$ を座標平面の点 $P(a, b)$ に対応させる。
点 $P(z)$, または, 単に**点 z** という。

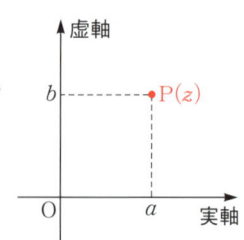

2-2 □ 共役な複素数

$z=a+bi$ と**共役な複素数**は $\bar{z}=a-bi$ で表す。
点 z と点 $\bar{z}$ は実軸に関して**対称の位置**にある。

2-3 □ 複素数の絶対値

$z=a+bi$ の絶対値は $|z|=\sqrt{a^2+b^2}$ と表す。
$z \cdot \bar{z} = |z|^2$, $|\bar{z}|=|z|$

2-4 □ 複素数の実数倍

k を実数とするとき, kz について $|kz|=|k|\cdot|z|$
点 kz は, $\begin{cases} k>0 \text{ のとき, 原点 O に関して点 } z \text{ と}\textbf{同じ側}\text{にある。} \\ k<0 \text{ のとき, 原点 O に関して点 } z \text{ と}\textbf{反対側}\text{にある。} \end{cases}$

2-5 □ 複素数の和と差

和 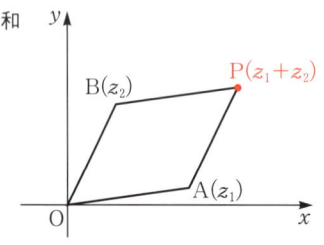　　差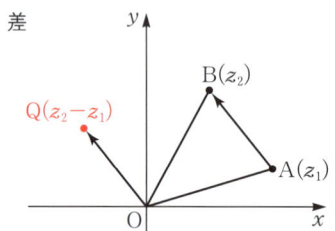

2-6 □ 複素数の極形式

$z = r(\cos\theta + i\sin\theta)$　　$r=|z|$, $\theta = \arg z$

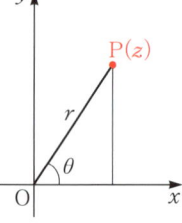

2-7 □ 複素数の積と商

積　$|z_1 \cdot z_2| = |z_1||z_2|$　　$\arg(z_1 \cdot z_2) = \arg z_1 + \arg z_2$

商　$\left|\dfrac{z_1}{z_2}\right| = \dfrac{|z_1|}{|z_2|}$　　$\arg \dfrac{z_1}{z_2} = \arg z_1 - \arg z_2$

$\begin{pmatrix} z_1 = r_1(\cos\theta_1 + i\sin\theta_1),\ z_2 = r_2(\cos\theta_2 + i\sin\theta_2) \text{ とすると} \\ z_1 \cdot z_2 = r_1 \cdot r_2(\cos\theta_1 + i\sin\theta_1)(\cos\theta_2 + i\sin\theta_2) \\ \qquad = r_1 r_2\{\cos(\theta_1+\theta_2) + i\sin(\theta_1+\theta_2)\} \end{pmatrix}$

2-8 □ ド・モアブルの定理

$(\cos\theta + i\sin\theta)^n = \cos n\theta + i\sin n\theta$　（n：整数）

2-9 □ 方程式 $z^n=1$ の解

$z_k = \cos\dfrac{2k\pi}{n} + i\sin\dfrac{2k\pi}{n}$

　　　　$k = 0, 1, 2, \cdots, (n-1)$

原点を中心とする正 n 角形の頂点

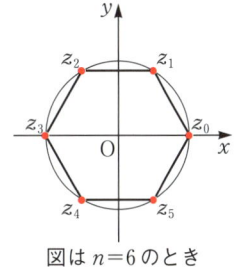

図は $n=6$ のとき

2-10 □ 2 点間の距離

2 点 $A(z_1)$, $B(z_2)$ 間の距離は　$AB = |z_2 - z_1|$

2-11 □ 線分の分点

2 点 $A(z_1)$, $B(z_2)$ がある。

線分 AB を $m:n$ に分ける点 $P(z)$ は

$z = \dfrac{nz_1 + mz_2}{m+n}$　$\begin{pmatrix} mn>0 \text{ のとき内分} \\ mn<0 \text{ のとき外分} \end{pmatrix}$

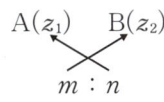

特に中点 $M(z)$ は

$z = \dfrac{z_1 + z_2}{2}$

2-12 □ 円

点 $C(z_1)$ を中心，半径 r の円を表す複素数 z は方程式

$|z - z_1| = r$

を満たす。

2-13 □ 3 点 A, B, C の位置関係

$A(z_0)$, $B(z_1)$, $C(z_2)$ のとき

$\dfrac{z_2 - z_0}{z_1 - z_0} = r(\cos\theta + i\sin\theta) \iff \begin{array}{l} AC:AB = r:1 \\ \angle BAC = \theta \end{array}$

1 複素数平面

28 ［複素数平面］
複素数平面上に，次の複素数を表す点を図示せよ。

(1) $A(2+i)$

(2) $B(2-3i)$

(3) $C(-3+i)$

(4) $D(-2i)$

29 ［共役複素数・複素数の絶対値］
複素数 z の共役複素数を $\bar{z}$，z の絶対値を $|z|$ で表す。
$z_1=a+bi$, $z_2=c+di$ とするとき，次の式が成り立つことを示せ。

(1) $\overline{z_1 z_2}=\bar{z_1}\cdot\bar{z_2}$

(2) $|z_1 z_2|=|z_1|\cdot|z_2|$

2 複素数の和・差と複素数平面

30 ［複素数の和・差の作図］
$z_1=3+i$, $z_2=1+2i$ のとき，次の複素数で表される点を複素数平面上に図示せよ。

(1) z_1+2z_2　　(2) z_1-z_2　　(3) $-z_1-z_2$　　(4) $z_2-\bar{z_1}$

3 複素数の極形式

31 ［複素数の極形式］
次の複素数を極形式で表せ。ただし，偏角 θ は，$0 \leq \theta < 2\pi$ とする。

(1) $-1+i$

(2) $1-\sqrt{3}i$

(3) -1

(4) $2\left(\cos\dfrac{5}{6}\pi - i\sin\dfrac{5}{6}\pi\right)$

32 ［複素数の乗法と回転］
複素数 $z=3+4i$ を表す点を原点のまわりに $\dfrac{\pi}{2}$ および $\dfrac{\pi}{4}$ 回転した点を表す複素数を求めよ。

33 ［複素数の除法と回転］
原点 O，A($3-i$)，B($4+2i$) がある。このとき，△OAB はどのような三角形か。

HINT
- **28** $a+bi$ と点 (a, b) を対応させる。 ◯→ 2-1
- **29** 公式を証明する。 ◯→ 2-2, ◯→ 2-3
- **30** 和，差，実数倍を図示する。 ◯→ 2-4, ◯→ 2-5
- **31** $|z|$，$\arg z$ を求め，極形式に直す。 ◯→ 2-6
- **32**，**33** 乗法・除法と回転との関係を使う。 ◯→ 2-7

4 ド・モアブルの定理

34 ［複素数の n 乗の値］
次の複素数の値を求めよ。

(1) $(1+\sqrt{3}i)^6$

(2) $(1+i)^5$

35 ［1 の n 乗根］
次の方程式を解け。

(1) $z^3=8$

(2) $z^6=1$

5　図形と複素数

36 ［2点間の距離］
次の2点間の距離を求めよ。
(1)　$A(3+2i)$, $B(5-i)$
(2)　$C(-1-2i)$, $D(3+5i)$

37 ［線分の内分点・外分点］
2点 $A(-2+5i)$, $B(4-i)$ がある。線分 AB を $2:1$ の比に内分する点 P と外分する点 Q を表す複素数を求めよ。

38 ［三角形の重心］
3点 $A(4+5i)$, $B(-1-i)$, $C(6-i)$ を頂点とする三角形 ABC の重心を表す複素数を求めよ。

HINT
34　ド・モアブルの定理を活用する。　2-8
35　方程式の解を表す点は円周上にあることを理解しておこう。　2-9
36　2点 z_1, z_2 間の距離は $|z_2-z_1|$　2-10
37, 38　分点の公式は複素数平面でも，ベクトルでも平面図形でもすべて同じ。　2-11

39 ［絶対値記号を含む方程式の表す図形］
次の方程式は，複素数平面上でどのような図形を表すか。

(1) $|z-1-2i|=|z+2-i|$

(2) $|3z-2+3i|=6$

40 ［方程式の表す図形（条件式がある場合）］
点 z が原点 O を中心とする半径 1 の円を描くとき，次の式で表される点 w はどのような図形を描くか。

(1) $w=(1+\sqrt{3}i)z-i$ 　　　　(2) $w=\dfrac{1-iz}{1-z}$

41 ［三角形の形状］
A(z_0)，B(z_1)，C(z_2) の間に次の関係式が成り立つとき，△ABC はどのような三角形か。

(1) $\dfrac{z_2-z_0}{z_1-z_0}=\dfrac{1}{2}+\dfrac{\sqrt{3}}{2}i$ 　　　　(2) $\dfrac{z_2-z_0}{z_1-z_0}=\sqrt{3}i$

HINT **39** 等式を読み，図形を求める。 ◯→2-12
40 与えられた関係式の右辺を極形式で表す。 ◯→2-12 　**41** ◯→2-13

入試問題にチャレンジ

6 $w=\sqrt{3}+i$ とおく。次の問いに答えよ。　　　　　　　　　　（高知大）

(1) w を極形式で表せ。

(2) w^6 の値を求めよ。

(3) O を原点とする複素数平面上で，3 点 0, w, $\dfrac{1}{w}$ が作る三角形の面積 S を求めよ。

(4) 複素数 z が $|iz+1-\sqrt{3}i| \leqq 2$ を満たすとする。このとき，
　（i）複素数平面上で点 z が存在する領域を図示せよ。

　（ii）$l=|z+1|$ とおくとき，l の最大値と最小値を求めよ。

7 $z^8 = -8(1+\sqrt{3}i)$ を満たす複素数 z のうち、偏角 θ が小さい方から順に $z_0, z_1, \cdots, z_7$ としたとき、z_5 の偏角は ア であり、z_5 の値は イ である。　　　　　（明治大）

8 複素数平面上において、次の各々はどのような図形を表すか。　　　　　（鹿児島大）

(1) 複素数 z が $|z|=1$ および $z \neq 1$ を満たすとき、$w = \dfrac{1}{1-z}$ が表す点の全体

(2) 複素数 z が $|z|=1$ を満たすとき、$w = \dfrac{1}{\sqrt{3}-z}$ が表す点の全体

9 次の問いに答えよ。　　　　　　　　　　　　　　　　　　　　　　（センター試験）

(1) 相異なる2つの複素数 a, b に対して，$\arg\dfrac{z-a}{z-b}=\pm\dfrac{\pi}{2}$ を満たす z は，複素数平面上のある円の周上にある。この円は a, b を用いて，$\left|z-\boxed{\text{ア}}\right|=\boxed{\text{イ}}$ で表される。

(2) 以下，複素数の偏角は 0 以上 2π 未満とする。

2次方程式 $x^2-2x+4=0$ の2つの解を α, β とする。ただし，α の虚部は正とする。このとき，$\arg\alpha=\boxed{\text{ウ}}$，$\arg\beta=\boxed{\text{エ}}$，$\alpha^2+\beta^2=\boxed{\text{オ}}$，$\alpha^2-\beta^2=\boxed{\text{カ}}$ である。

したがって，$\arg\dfrac{z-\alpha^2}{z-\beta^2}=\dfrac{\pi}{2}$ を満たす z が描く図形は $\left|z+\boxed{\text{キ}}\right|=\boxed{\text{ク}}$ で表される円のうち $\boxed{\text{ケ}}<\arg z<\boxed{\text{コ}}$ を満たす部分である。

3章 関数と極限

1節 いろいろな関数

🔑 3-1 □ グラフの平行移動

$\begin{cases} x \text{軸方向に } p \text{ だけ平行移動} & x \longrightarrow x-p \\ y \text{軸方向に } q \text{ だけ平行移動} & y \longrightarrow y-q \end{cases}$

- 分数関数 $y=\dfrac{k}{x-p}+q$ のグラフは，$y=\dfrac{k}{x}$ のグラフを x 軸方向に p, y 軸方向に q だけ平行移動する。(漸近線も平行移動して，$x=p$, $y=q$ となる。)
- 無理関数 $y=\sqrt{a(x-p)}+q$ のグラフは，$y=\sqrt{ax}$ のグラフを x 軸方向に p, y 軸方向に q だけ平行移動する。

🔑 3-2 □ 逆関数

① 関数 $y=f(x)$ を変形して，x を y で表す。($x=f^{-1}(y)$)
② x と y を入れかえる。($y=f^{-1}(x)$)
(関数 $y=f(x)$ とその逆関数 $y=f^{-1}(x)$ のグラフは直線 $y=x$ に関して対称)

🔑 3-3 □ 合成関数

2つの関数 $f(x)$ と $g(x)$ の合成関数は
$(g \circ f)(x) = g(f(x))$

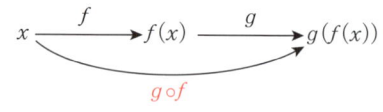

2節 数列の極限

🔑 3-4 □ 数列の極限

$\displaystyle\lim_{n\to\infty} a_n = \begin{cases} \text{収束する。} \cdots \displaystyle\lim_{n\to\infty} a_n = \alpha \text{ (有限な確定した値)} \\ \text{発散する。} \begin{cases} \text{正の無限大に発散する。} \cdots \displaystyle\lim_{n\to\infty} a_n = \infty \\ \text{負の無限大に発散する。} \cdots \displaystyle\lim_{n\to\infty} a_n = -\infty \\ \text{振動する。} \end{cases} \end{cases}$

極限あり / 極限なし

🔑 3-5 □ 無限等比数列の極限

$\{r^n\}$ の極限
- $r>1$ のとき $\displaystyle\lim_{n\to\infty} r^n = \infty$
- $r=1$ のとき $\displaystyle\lim_{n\to\infty} r^n = 1$
- $|r|<1$ のとき $\displaystyle\lim_{n\to\infty} r^n = 0$
- $r \leqq -1$ のとき $\{r^n\}$ は振動する。

🔑 3-6 □ 無限級数

Step 1 無限級数の初項から第 n 項までの和 $\underline{S_n = a_1 + a_2 + \cdots + a_n}$ を考える。
　　　　　　　　　　　　　　　　　　　　　　　　└部分和という

Step2 $\lim_{n\to\infty} S_n$ が有限な確定した値であるとき，この無限級数は**収束**するといい，

$\lim_{n\to\infty} S_n$ を**無限級数の和**と定める。

$\lim_{n\to\infty} S_n$ が有限な確定した値でないとき，この無限級数は**発散**するという。

特に，$\lim_{n\to\infty} a_n \neq 0$ のとき，この無限級数は**発散**する。

3-7 □ 無限等比級数

$a \neq 0$ のとき，無限等比級数 $a + ar + \cdots + ar^{n-1} + \cdots = \sum_{n=1}^{\infty} ar^{n-1}$ は

$|r| < 1$ のとき **収束**し，その**和**は $\dfrac{a}{1-r}$ $|r| \geq 1$ のとき **発散**する。

3節 関数の極限

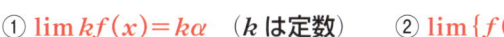
数列の極限についても同じような性質がありましたね。

3-8 □ 関数の極限

$\lim_{x\to a} f(x) = \alpha$，$\lim_{x\to a} g(x) = \beta$ のとき

① $\lim_{x\to a} kf(x) = k\alpha$　（k は定数）　② $\lim_{x\to a} \{f(x) \pm g(x)\} = \alpha \pm \beta$　（複号同順）

③ $\lim_{x\to a} f(x)g(x) = \alpha\beta$　④ $\beta \neq 0$ のとき　$\lim_{x\to a} \dfrac{f(x)}{g(x)} = \dfrac{\alpha}{\beta}$

⑤ a の近くで，$f(x) \leq g(x)$ ならば　$\lim_{x\to a} f(x) \leq \lim_{x\to a} g(x)$　すなわち　$\alpha \leq \beta$

⑥ a の近くで，$f(x) \leq h(x) \leq g(x)$ かつ $\lim_{x\to a} f(x) = \lim_{x\to a} g(x) = \alpha$ ならば

$\lim_{x\to a} h(x) = \alpha$　（はさみうちの原理）

3-9 □ 右側極限・左側極限

$\lim_{x\to a} f(x) = \alpha \iff \lim_{x\to a+0} f(x) = \lim_{x\to a-0} f(x) = \alpha$

右側極限　　　　左側極限

3-10 □ いろいろな関数の極限

指数・対数の極限　グラフで考える。

三角関数の極限　$\lim_{x\to 0} \dfrac{\sin x}{x} = 1$

3-11 □ 関数の連続性

関数 $f(x)$ が $x = a$ で連続である $\iff$ 次の 3 つの条件がすべて成立する

① $x = a$ が関数 $f(x)$ の定義域に属する。すなわち $f(a)$ が存在する。

② $\lim_{x\to a+0} f(x) = \lim_{x\to a-0} f(x)$，すなわち $\lim_{x\to a} f(x)$ が存在する。

③ $\lim_{x\to a} f(x) = f(a)$ が成立する。

3-12 □ 中間値の定理

関数 $f(x)$ が閉区間 $[a, b]$ で連続で $f(a) \neq f(b)$ のとき，$f(a)$ と $f(b)$ の間の任意の値 k に対して $f(c) = k$（$a < c < b$）となる c が少なくとも 1 つ存在する。

とくに，$f(a)$ と $f(b)$ が異符号のとき，$f(c) = 0$ となる c が a と b の間に少なくとも **1 つ存在**する。

➡ 解答 p.22

1 分数関数のグラフ

42 ［分数関数のグラフ］
関数 $y = \dfrac{-2x+1}{2x-4}$ のグラフをかけ。

43 ［分数関数のグラフと定義域・値域］ 必修
関数 $y = \dfrac{3x-1}{x-1}$ …① について，次の問いに答えよ。

(1) 関数①のグラフをかけ。また漸近線を求めよ。

(2) 定義域を $x \leqq 0$，$2 \leqq x$ とするとき，関数①の値域を求めよ。

(3) 関数①の値域が $y \geqq 2$ $(y \neq 3)$ となるとき，定義域を求めよ。

44 ［分数関数のグラフの平行移動］
関数 $y = \dfrac{2x+3}{x+2}$ のグラフを x 軸方向に 3，y 軸方向に 1 だけ平行移動したものをグラフとする関数の式を求めよ。

45 ［分数関数のグラフと直線との交点］　必修　テスト

関数 $y=\dfrac{-x+3}{2x-1}$ …① のグラフと直線 $y=x+1$ …② との交点の座標を求めよ。

46 ［分数関数のグラフと不等式］

関数 $y=\dfrac{2x}{x-1}$ …① について，次の問いに答えよ。

(1) 不等式 $\dfrac{2x}{x-1} \geqq x+2$ を満たす x の値の範囲を，関数①のグラフを利用して解け。

(2) 関数①のグラフが $y=kx+2$ （$k \neq 0$）と共有点をもつとき，k の値の範囲を求めよ。

HINT　42～46 関数のグラフを活用する。　3-1

2 無理関数のグラフ

47 ［無理関数のグラフ］
次の関数のグラフをかけ。

(1) $y=\sqrt{-2x+6}$

(2) $y=-\sqrt{x+2}$

48 ［無理関数のグラフと直線との交点］必修 テスト
関数 $y=\sqrt{x-2}$ のグラフと直線 $y=4-x$ との交点の座標を求めよ。

49 ［無理方程式と不等式］テスト
2つの関数 $y=\sqrt{2x+5}$ と $y=x+1$ のグラフを利用して，方程式 $\sqrt{2x+5}=x+1$ と不等式 $\sqrt{2x+5}>x+1$ を解け。

50 [無理関数のグラフと直線との共有点] テスト
関数 $y=\sqrt{-3x+6}$ …①のグラフと直線 $y=-x+k$ …②との共有点の個数を調べよ。

3　逆関数と合成関数

51 [逆関数]
次の関数の逆関数を求めよ。

(1) $y=3x+5$

(2) $y=\dfrac{3}{x+1}-2$

52 [逆関数とグラフ(1)] 必修 テスト
関数 $y=\dfrac{1}{3}x-1$ $(0\leqq x\leqq 3)$ の逆関数を求めよ。また，そのグラフをかけ。

HINT　47　基本の形を覚えて平行移動する。　3-1
　　　48〜50　共有点の座標を求める場合や，無理方程式・不等式の解はグラフから求める。　3-1
　　　51〜52　逆関数の求め方は，x について解き，x と y を入れかえる。　3-2

53 ［逆関数とグラフ(2)］
次の逆関数を求め，そのグラフをかけ。また，逆関数の定義域を求めよ。

(1) $y=2x^2 \ (x \leq 0)$

(2) $y=-\dfrac{1}{4}x^2+2 \ (x \geq 0)$

54 ［逆関数とグラフ(3)］ テスト
関数 $y=x^2-2 \ (x \geq 0)$ …①の逆関数 $y=g(x)$ …②について，次の問いに答えよ。

(1) 関数 $y=g(x)$ を求め，グラフをかけ。

(2) 2つの関数①と②のグラフの交点の座標を求めよ。

55 ［合成関数］
次の関数 $f(x)$, $g(x)$ に対して，合成関数 $(g \circ f)(x)$, $(f \circ g)(x)$, $(g \circ g)(x)$ を求めよ。

$$f(x)=\frac{3}{x+1} \qquad g(x)=2x-1$$

56 ［逆関数の性質］
関数 $f(x)=\dfrac{3x+1}{x-a}$ の逆関数がもとの関数と一致するとき，定数 a の値を求めよ。

57 ［逆関数と合成関数］
関数 $f(x)=3^x$ について，次の問いに答えよ。

(1) 関数 $f(x)$ の逆関数 $f^{-1}(x)$ を求めよ。

(2) $(f^{-1} \circ f)(x)=(f \circ f^{-1})(x)=x$ を示せ。

HINT **53**, **54** ある関数のグラフとその逆関数のグラフは，直線 $y=x$ に関して対称。 **3-2**

55〜**57** $(g \circ f)(x)=g(f(x))$ また $(f^{-1} \circ f)(x)=(f \circ f^{-1})(x)=x$ **3-3**

4 数列の極限

58 ［数列の収束・発散］
次の数列の収束，発散を調べよ。

(1) $\left\{2+\dfrac{1}{n}\right\}$

(2) $\{3-n^2\}$

(3) $\{n^3-1\}$

59 ［数列の極限(1)］
次の極限を調べよ。

(1) $\displaystyle\lim_{n\to\infty}(n^2-2n)$

(2) $\displaystyle\lim_{n\to\infty}(\sqrt{n}-n)$

(3) $\displaystyle\lim_{n\to\infty}(-1)^n n$

60 ［数列の極限(2)］ 必修 テスト
次の極限を調べよ。

(1) $\displaystyle\lim_{n\to\infty}\dfrac{2n^2+3}{n^2+n-1}$

(2) $\displaystyle\lim_{n\to\infty}\dfrac{n+1}{\sqrt{n}+3}$

61 [数列の極限(3)] テスト
次の極限を調べよ。

(1) $\lim_{n \to \infty} (\sqrt{n^2-n+2} - n)$

(2) $\lim_{n \to \infty} \dfrac{1}{\sqrt{n^2+4n+1} - n}$

5 無限等比数列 $\{r^n\}$ の極限

62 [$\{r^n\}$ の極限(1)] 必修 テスト
次の極限を調べよ。

(1) $\lim_{n \to \infty} \dfrac{4^n + 2^n}{5^n - 3^n}$

(2) $\lim_{n \to \infty} \{3^n + (-2)^n\}$

(3) $\lim_{n \to \infty} \dfrac{3^{n+2} - 1}{3^n + 2}$

HINT 58〜61 数列の極限が求められる形に変形する。 3-4
62 無限等比数列の極限は公比 r の値によって異なる。 3-5

63 [$\{r^n\}$ の極限(2)]
$\displaystyle \lim_{n\to\infty}\frac{r^{n+2}-r^{n+1}+1}{r^{n+1}+1}$ $(r \neq -1)$ の極限を調べよ。

6 極限と大小関係

64 [はさみうちの原理]
無限数列 $\dfrac{1}{3}$, $\dfrac{2}{3^2}$, $\dfrac{3}{3^3}$, $\cdots$, $\dfrac{n}{3^n}$, $\cdots$ について，次の問いに答えよ。

(1) $n \geqq 2$ のとき $3^n > n^2$ が成立することを，数学的帰納法を用いて証明せよ。

(2) $\displaystyle \lim_{n\to\infty}\dfrac{n}{3^n}$ を求めよ。

65 [隣接2項間の漸化式と数列の極限] 必修 テスト

$a_1=1$, $a_{n+1}=\dfrac{1}{3}a_n+\dfrac{1}{2}$ $(n=1, 2, 3, \cdots)$ で定義される数列 $\{a_n\}$ について，$\displaystyle\lim_{n\to\infty}a_n$ を求めよ。

66 [隣接3項間の漸化式と数列の極限]

$a_1=1$, $a_2=2$, $a_{n+2}=\dfrac{1}{3}(a_{n+1}+2a_n)$ $(n=1, 2, 3, \cdots)$ で定義される数列 $\{a_n\}$ について，次の問いに答えよ。

(1) $b_n=a_{n+1}-a_n$ $(n=1, 2, 3, \cdots)$ とおくとき，数列 $\{b_n\}$ の一般項 b_n を n を用いて表せ。

(2) 数列 $\{a_n\}$ の一般項 a_n を n を用いて表せ。

(3) 極限値 $\displaystyle\lim_{n\to\infty}a_n$ を求めよ。

HINT **63** $|r|<1$, $r=1$, $|r|>1$ に場合を分けて考える。 **3-5**

64 $\left.\begin{array}{l}a_n\leqq c_n\leqq b_n\\ \displaystyle\lim_{n\to\infty}a_n=\lim_{n\to\infty}b_n=\alpha\end{array}\right\} \Longrightarrow \displaystyle\lim_{n\to\infty}c_n=\alpha$ （はさみうちの原理）

65, **66** まず，「数学B」で学んだ方法で漸化式を解いて a_n を求め，次に $\displaystyle\lim_{n\to\infty}a_n$ を求める。

7 無限級数

67 [無限級数]
無限級数 $\dfrac{1}{1\cdot 3}+\dfrac{1}{3\cdot 5}+\dfrac{1}{5\cdot 7}+\cdots$ の和を求めよ。

68 [無限級数の収束・発散]
次の無限級数の収束・発散を調べ，収束するときはその和を求めよ。

(1) $\dfrac{1}{\sqrt{3}+1}+\dfrac{1}{\sqrt{5}+\sqrt{3}}+\dfrac{1}{\sqrt{7}+\sqrt{5}}+\cdots$

(2) $\dfrac{1}{2}+\dfrac{3}{4}+\dfrac{5}{6}+\dfrac{7}{8}+\cdots$

8 無限等比級数

69 [無限等比級数]
初項 r，公比 r の無限等比級数の和 S が $\dfrac{1}{2}$ であるとき，次の問いに答えよ。

(1) r の値を求めよ。

(2) 初項から第 n 項までの和を S_n とするとき，$|S-S_n|<\dfrac{1}{10^3}$ を満たす最小の n の値を求めよ。

70 ［循環小数］
循環小数 $0.3\dot{5}\dot{7}$ を分数に直せ。

71 ［無限等比級数の収束条件］
無限等比級数
$$1+\cos x+\cos^2 x+\cdots \quad \cdots ①$$
について，次の問いに答えよ。

(1) 無限等比級数①が収束するような x の値の範囲を求めよ。

(2) この級数の和が 2 になるように x の値を定めよ。

HINT **67**, **68** (1) 部分和 S_n を求め，$\lim\limits_{n\to\infty} S_n$ で求める。　**68** (2) $\lim\limits_{n\to\infty} a_n \neq 0 \implies$ 無限級数は発散する。　3-6

69〜**71** 無限等比級数 $\sum\limits_{n=1}^{\infty} ar^{n-1}$ は，初項 $a \neq 0$ のとき，公比 r が $|r|<1$ のとき収束する。　3-7

72 ［無限等比級数で表される関数］

無限等比級数

$$x+x(x^2-2x+1)+x(x^2-2x+1)^2+\cdots \quad \cdots ①$$

について，次の問いに答えよ。

(1) この無限等比級数が収束するような，実数 x の値の範囲を求めよ。

(2) この無限級数の和を $f(x)$ として，関数 $y=f(x)$ のグラフをかけ。

73 ［無限等比級数と図形(1)］

図のように，点 P が数直線上を原点 O から出発して，P_1, P_2, P_3, …と進んでいく。ただし，$OP_1=1$，$P_1P_2=\dfrac{1}{2}OP_1$，$P_2P_3=\dfrac{1}{2}P_1P_2$，…，$P_nP_{n+1}=\dfrac{1}{2}P_{n-1}P_n$ を満たしている。
このとき，点 P はどのような点に近づくか。

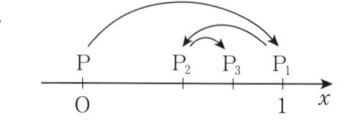

74 ［無限等比級数と図形(2)］ テスト

面積が1である正方形 $A_1B_1C_1D_1$ がある。正方形 $A_1B_1C_1D_1$ の辺 A_1B_1, B_1C_1, C_1D_1, D_1A_1 の中点をそれぞれ A_2, B_2, C_2, D_2 として，正方形 $A_2B_2C_2D_2$ を作る。以下，同様に作られた，正方形 $A_1B_1C_1D_1$, 正方形 $A_2B_2C_2D_2$, 正方形 $A_3B_3C_3D_3$, …，正方形 $A_nB_nC_nD_n$, …について，各正方形の面積の総和を求めよ。

75 ［漸化式と無限等比級数］

平面上に曲線 $C: y=x^2$ と点 $A_1(1, 0)$ がある。点 A_1 を通り y 軸に平行な直線と曲線 C との交点を P_1 とし，点 P_1 における曲線 C の接線と x 軸との交点を $A_2(x_2, 0)$ とする。次に，点 A_2 を通り y 軸に平行な直線と曲線 C との交点を P_2 とする。このようにして，次々と P_1, A_2, P_2, A_3, P_3, …, A_n, P_n, … を定める。$\triangle A_nP_nA_{n+1}$ の面積を S_n とするとき，次の問いに答えよ。

(1) 点 A_n の x 座標 x_n を n の式で表せ。

(2) S_n を n の式で表せ。

(3) $\sum_{n=1}^{\infty} S_n$ を求めよ。

HINT **72** 無限等比級数が収束する条件は
　　　(1)初項 $a=0$　　(2)$a \neq 0$ のとき公比 $|r|<1$　　🔑 **3-7**
73, **74** 図形から無限等比級数をみつける。　🔑 **3-7**
75 $A_n(x_n, 0)$, $A_{n+1}(x_{n+1}, 0)$ とし，x_{n+1} を x_n で表し，無限等比級数を求める。　🔑 **3-7**

9 関数の極限

76 ［関数の極限(1)］
次の極限を調べよ。

(1) $\displaystyle\lim_{x\to\infty}\dfrac{2x+1}{x^2}$

(2) $\displaystyle\lim_{x\to\infty}\dfrac{2x^2-x-3}{x^2+1}$

(3) $\displaystyle\lim_{x\to-\infty}\left(2-\dfrac{1}{x}\right)\left(1-\dfrac{3}{x^2}\right)$

(4) $\displaystyle\lim_{x\to-\infty}(x^2-x-2)$

77 ［関数の極限(2)］ 必修 テスト
次の極限を調べよ。

(1) $\displaystyle\lim_{x\to-3}\dfrac{x^2-9}{x+3}$

(2) $\displaystyle\lim_{x\to 0}\dfrac{1}{x}\left(1-\dfrac{3}{x+3}\right)$

(3) $\displaystyle\lim_{x\to-2}\dfrac{\sqrt{x+6}+x}{x+2}$

(4) $\displaystyle\lim_{x\to\infty}(\sqrt{x^2+x}-x)$

(5) $\displaystyle\lim_{x\to-\infty}(\sqrt{x^2+2x+3}+x)$

78 ［右側極限・左側極限］
次の極限を調べよ。

(1) $\displaystyle\lim_{x\to 1-0}\dfrac{x}{x-1}$

(2) $\displaystyle\lim_{x\to 2}\dfrac{x}{x-2}$

(3) $\displaystyle\lim_{x\to 0}2^{\frac{1}{x}}$

79 ［極限と係数の決定(1)］ テスト
次の等式が成り立つように，定数 a，b の値を定めよ。
$$\lim_{x\to 2}\dfrac{a\sqrt{x+2}+b}{x-2}=1$$

HINT　**76**. **77** 極限が判断できるように変形する。　3-8
　　　　78 右側極限と左側極限が一致しなければ極限はない。　3-9
　　　　79 $x\to 2$ のとき分母 $\to 0$，このとき，極限値をもつには分子 $\to 0$

80 ［極限と関数の決定(2)］
次の2式を満たすような整式 $f(x)$ を求めよ。

$$\lim_{x\to\infty}\frac{f(x)}{x^2-4}=3, \quad \lim_{x\to 2}\frac{f(x)}{x^2-4}=2$$

10　いろいろな関数の極限

81 ［指数関数・対数関数の極限］
次の極限を調べよ。

(1) $\displaystyle\lim_{x\to-\infty}3^x$

(2) $\displaystyle\lim_{x\to\infty}\log_{\frac{1}{3}}x$

(3) $\displaystyle\lim_{x\to\infty}\log_3\frac{1}{x}$

82 ［三角関数の極限(1)］
次の極限を調べよ。

(1) $\displaystyle\lim_{x\to\pi}\cos x$

(2) $\displaystyle\lim_{x\to\infty}\cos\frac{1}{x}$

(3) $\displaystyle\lim_{x\to\infty}\tan\frac{1}{x}$

83 ［はさみうちの原理］
次の極限を調べよ。

(1) $\displaystyle\lim_{x\to-\infty}\frac{\sin x}{x^2}$

(2) $\displaystyle\lim_{x\to 0}x^2\cos\frac{1}{x}$

84 ［三角関数の極限(2)］ 必修
次の極限を求めよ。

(1) $\displaystyle\lim_{x\to 0}\frac{\sin 2x}{x}$

(2) $\displaystyle\lim_{x\to 0}\frac{\sin 3x}{\sin 4x}$

(3) $\displaystyle\lim_{x\to 0}\frac{1-\cos x}{x}$

85 ［三角関数の極限(3)］ テスト
次の極限を求めよ。

(1) $\displaystyle\lim_{x\to \frac{\pi}{2}}\frac{x-\frac{\pi}{2}}{\cos x}$

(2) $\displaystyle\lim_{x\to -\infty} x\sin\frac{1}{x}$

(3) $\displaystyle\lim_{x\to 1}\frac{\sin \pi x}{x-1}$

HINT 80 極限の性質を考え，次数，係数を決める。 ▶3-8
81, 82 グラフから極限を考える。 ▶3-10
83 はさみうちの原理を用いる。 ▶3-8
84, 85 おき換えて，三角関数の極限を使えるようにする。 ▶3-10

11 連続関数

86 ［関数の連続性］
次の関数の $x=2$ における連続性を調べよ。

(1) $f(x)=\begin{cases} \dfrac{x^2-4}{|x-2|} & (x \neq 2) \\ 4 & (x=2) \end{cases}$

(2) $f(x)=\begin{cases} \dfrac{|x^2-4|}{|x-2|} & (x \neq 2) \\ 4 & (x=2) \end{cases}$

87 ［中間値の定理］ 必修 テスト
次の方程式は，（　）内の区間に少なくとも1つの実数解をもつことを示せ。

(1) $x^3-2x^2+x-1=0 \quad (1<x<2)$

(2) $x\cos x+\sin x+1=0 \quad (0<x<\pi)$

88 [極限で表された関数]

a を定数とする。$f(x)=\lim_{n\to\infty}\dfrac{ax+2x^n+x^{n+1}}{1+x^n+x^{n+1}}$ $(x>0)$ で定義される関数について, 次の問いに答えよ。

(1) (i) $x>1$, (ii) $0<x<1$ のそれぞれの場合について $f(x)$ を求めよ。

(2) 関数 $f(x)$ が $x>0$ で連続であるように, 定数 a の値を定めよ。

HINT 86 $x=2$ における右側極限と左側極限をとる。 3-11
87 中間値の定理を用いて証明する。 3-12
88 (2) $x=1$ で連続となるように, a の値を定める。 3-5, 3-11

89 ［無限級数で表された関数］

無限級数 $\sum_{n=1}^{\infty} x\left(\dfrac{2}{x+2}\right)^{n-1}$ …① について，次の問いに答えよ。

(1) 無限級数①が収束する x の値の範囲を求めよ。

(2) 無限級数①が収束するとき，その和を $f(x)$ とする。
　(i) 関数 $y=f(x)$ のグラフをかけ。

　(ii) 関数 $f(x)$ の連続性を調べよ。

HINT 89 (2)(ii)は，(i)でかいたグラフを見て，不連続となる x の値を求める。　3-6，3-11

入試問題にチャレンジ

10 関数 $f(x)=\dfrac{2x+1}{x+1}$ を考える。双曲線 $y=f(x)$ の漸近線は $x=-1$ と $y=\boxed{\text{ア}}$ である。また，不等式 $f(x)>1-2x$ が成り立つような x の値の範囲は $\boxed{\text{イ}}$ である。

（南山大）

11 曲線 $y=\sqrt{2x+3}$ と直線 $y=x-1$ の共有点の x 座標を求めると $x=\boxed{\text{ア}}$ である。また，不等式 $\sqrt{2x+3}>x-1$ を解くと $\boxed{\text{イ}}$ である。

（福岡大）

12 x の関数 $f(x)=a-\dfrac{3}{2^x+1}$ を考える。ただし，a は実数の定数である。

（東京理科大・改）

(1) $f(-x)=-f(x)$ が成り立つとき，a の値を求めよ。

(2) a が(1)の値のとき，関数 $f(x)$ の逆関数 $f^{-1}(x)$ を求めよ。

13 次の問いに答えよ。

(1) $\lim_{n\to\infty}(\sqrt{n^2+n}-\sqrt{n^2-n})$ を求めよ。 （明治大）

(2) $\lim_{n\to\infty}\dfrac{1\cdot 2+2\cdot 3+3\cdot 4+\cdots+n(n+1)}{n^3}$ を求めよ。 （東京電機大）

14 座標平面上に3点 A(2, 5), B(1, 3), P_1(5, 1) をとる。まず，点 P_1 と点 A を結ぶ線分の中点を Q_1，点 Q_1 と点 B を結ぶ線分の中点を P_2 とする。次に，点 P_2 と点 A を結ぶ線分の中点を Q_2，点 Q_2 と点 B を結ぶ線分の中点を P_3 とする。以下同様に繰り返し，点 P_n と点 A を結ぶ線分の中点を Q_n，点 Q_n と点 B を結ぶ線分の中点を P_{n+1} ($n=1, 2, 3, \cdots$) とする。点 P_n の x 座標を a_n とするとき，a_n を n の式で表し，$\lim_{n\to\infty}a_n$ を求めよ。 （信州大）

15 次の問いに答えよ。

(1) $\displaystyle\lim_{x \to 0} \frac{1-\cos x}{x^2}$ を求めよ。 (広島市大)

(2) $\displaystyle\lim_{x \to 3} \frac{\sqrt{x+k}-3}{x-3}$ が有限な値になるように定数 k の値を定め，その極限値を求めよ。 (岩手大)

16 半径 1 の円を C_1 とし，C_1 に内接する正三角形を A_1 とする。さらに，A_1 に内接する円を C_2，C_2 に内接する正三角形を A_2 とし，同様にして次々に，円 C_3，正三角形 A_3，円 C_4，正三角形 A_4，…を作る。 (奈良女子大)

(1) A_1 の 1 辺の長さ l_1 および A_2 の 1 辺の長さ l_2 を求めよ。

(2) 正の整数 n に対し，円 C_n の面積を S_n，正三角形 A_n の面積を T_n とする。S_n と T_n を求めよ。

(3) (2)の S_n，T_n に対して $\displaystyle\sum_{n=1}^{\infty}(S_n - T_n)$ を求めよ。

4章 微分法とその応用

1節 微分法

4-1 微分可能と連続

- 関数 $f(x)$ について,$f'(a)=\lim_{h \to 0}\dfrac{f(a+h)-f(a)}{h}$ が存在するとき,$f(x)$ は $x=a$ で微分可能であるという。
- 関数 $f(x)$ が $x=a$ で微分可能であれば,$f(x)$ は $x=a$ で連続である。

4-2 微分の公式

① $\{kf(x)+lg(x)\}'=kf'(x)+lg'(x)$ (k, l は定数)

② $\{f(x)g(x)\}'=f'(x)g(x)+f(x)g'(x)$
$\{f(x)g(x)h(x)\}'=f'(x)g(x)h(x)+f(x)g'(x)h(x)+f(x)g(x)h'(x)$

③ $\left\{\dfrac{f(x)}{g(x)}\right\}'=\dfrac{f'(x)g(x)-f(x)g'(x)}{\{g(x)\}^2}$　　特に　$\left\{\dfrac{1}{g(x)}\right\}'=-\dfrac{g'(x)}{\{g(x)\}^2}$

4-3 合成関数の導関数

一般に,関数 $y=f(u)$, $u=g(x)$ の合成関数 $y=f(g(x))$ において,2つの関数 f, g が微分可能であるとき,$\dfrac{dy}{dx}=\dfrac{dy}{du}\cdot\dfrac{du}{dx}$ として導関数を求めることができる。

4-4 $y=\{f(x)\}^\alpha$ の導関数

α が整数のとき　　$y'=\alpha\{f(x)\}^{\alpha-1}\cdot f'(x)$

$f(x)=u$ とおくと　　$y=u^\alpha$　　$\dfrac{dy}{dx}=\alpha u^{\alpha-1}\cdot\dfrac{du}{dx}$

> α が実数のときにも成り立ちます。

4-5 x^r の導関数

r が有理数のとき　　$(x^r)'=rx^{r-1}$　　← r が実数のときも成立する

4-6 逆関数の導関数

$\dfrac{dy}{dx}=\dfrac{1}{\dfrac{dx}{dy}}$

4-7 三角関数の導関数

① $(\sin x)'=\cos x$　　② $(\cos x)'=-\sin x$　　③ $(\tan x)'=\dfrac{1}{\cos^2 x}$

4-8 対数関数の導関数

① $(\log x)'=\dfrac{1}{x}$　　② $(\log_a x)'=\left(\dfrac{\log_e x}{\log_e a}\right)'=\dfrac{1}{x\log_e a}$　($a>0$, $a\neq 1$)

4-9 指数関数の導関数

① $(e^x)' = e^x$　　② $(a^x)' = a^x \log a$　　($a > 0$, $a \neq 1$)

4-10 高次導関数

第 2 次導関数… y'', $f''(x)$, $\dfrac{d^2y}{dx^2}$, $\dfrac{d^2}{dx^2}f(x)$

第 3 次導関数… y''', $f'''(x)$, $\dfrac{d^3y}{dx^3}$, $\dfrac{d^3}{dx^3}f(x)$

第 n 次導関数… $y^{(n)}$, $f^{(n)}(x)$, $\dfrac{d^n y}{dx^n}$, $\dfrac{d^n}{dx^n}f(x)$

4-11 曲線 $f(x, y) = c$ と導関数

(例) $ax^n + by^n = c$ (a, b, c は実数, n は整数, $b \neq 0$) のとき, 両辺を x で微分して

$$nax^{n-1} + nby^{n-1}\dfrac{dy}{dx} = 0 \quad \text{よって} \quad \dfrac{dy}{dx} = -\dfrac{ax^{n-1}}{by^{n-1}}$$

4-12 媒介変数で表された関数の導関数

曲線 $\begin{cases} x = f(t) \\ y = g(t) \end{cases}$ の導関数は $\dfrac{dy}{dx} = \dfrac{\frac{dy}{dt}}{\frac{dx}{dt}} = \dfrac{g'(t)}{f'(t)}$

2節 微分法の応用

4-13 接線・法線の方程式

曲線 $y = f(x)$ 上の点 $(t, f(t))$ における

- 接線の方程式　　$y - f(t) = f'(t)(x - t)$
- 法線の方程式　　$y - f(t) = -\dfrac{1}{f'(t)}(x - t)$　　($f'(t) \neq 0$)

4-14 2 次曲線の接線

2 次曲線上の点 (x_1, y_1) における接線の方程式

	曲線の方程式	接線の方程式
円	$x^2 + y^2 = a^2$	$x_1 x + y_1 y = a^2$
楕円	$\dfrac{x^2}{a^2} + \dfrac{y^2}{b^2} = 1$	$\dfrac{x_1 x}{a^2} + \dfrac{y_1 y}{b^2} = 1$
双曲線	$\dfrac{x^2}{a^2} - \dfrac{y^2}{b^2} = \pm 1$	$\dfrac{x_1 x}{a^2} - \dfrac{y_1 y}{b^2} = \pm 1$
放物線	$y^2 = 4px$	$y_1 y = 2p(x + x_1)$

4-15 平均値の定理

関数 $f(x)$ が, 閉区間 $[a, b]$ で連続で, 開区間 (a, b) で微分可能ならば, $\dfrac{f(b) - f(a)}{b - a} = f'(c)$ ($a < c < b$) を満たす c が存在する。

(直線 AB の傾き ＝ 点 C における接線の傾き)

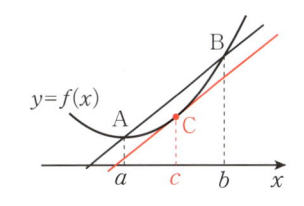

4-16 極大・極小と増減表

x	$\cdots$	α	$\cdots$	β	$\cdots$
$f'(x)$	$+$	0	$-$	0	$+$
$f(x)$	↗	極大値	↘	極小値	↗

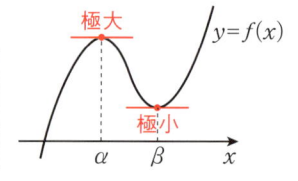

4-17 グラフの凹凸

関数 $y = f(x)$ が区間 $a < x < b$ で第2次導関数 $f''(x)$ をもつとき，$y = f(x)$ のグラフは，区間 $a < x < b$ において

$f''(x) > 0$ ならば 下に凸　　$f''(x) < 0$ ならば 上に凸

4-18 変曲点

① $f''(x) = 0$ となる x の値を求める。
② ①で求められた x の値の前後で $f''(x)$ の符号が変わるか確認する。

4-19 第2次導関数と極大・極小の判定

(i) $f'(a) = 0$, $f''(a) > 0 \implies x = a$ で極小
(ii) $f'(a) = 0$, $f''(a) < 0 \implies x = a$ で極大

4-20 グラフのかき方（着目することがら）

① 対称性 （x 軸対称，y 軸対称，原点対称）
② グラフの存在範囲 （定義域，値域）　③ 周期
④ 増減表の作成 （極大，極小）　　⑤ グラフの凹凸と変曲点
⑥ 漸近線　⑦ x 軸，y 軸との交点 （$y = 0$，$x = 0$ のときの値）

4-21 速度と加速度

① 数直線上を動く点 P の時刻 t の座標が $x = f(t)$ のとき　速度 $v = f'(t)$
② 平面上を動く点 P の時刻 t の座標 (x, y) が $x = f(t)$, $y = g(t)$ であるとき

速度 $\vec{v} = \left(\dfrac{dx}{dt}, \dfrac{dy}{dt}\right)$　　速さ $|\vec{v}| = \sqrt{\left(\dfrac{dx}{dt}\right)^2 + \left(\dfrac{dy}{dt}\right)^2}$

加速度 $\vec{\alpha} = \left(\dfrac{d^2x}{dt^2}, \dfrac{d^2y}{dt^2}\right)$　　加速度の大きさ $|\vec{\alpha}| = \sqrt{\left(\dfrac{d^2x}{dt^2}\right)^2 + \left(\dfrac{d^2y}{dt^2}\right)^2}$

4-22 関数の近似式

① x が十分 a に近いとき　$f(x) \fallingdotseq f'(a)(x-a) + f(a)$
　　x が十分 0 に近いとき　$f(x) \fallingdotseq f'(0)x + f(0)$
　　（例）　x が十分 0 に近いとき　$(1+x)^n \fallingdotseq nx + 1$
② h が十分 0 に近いとき　$f(a+h) \fallingdotseq f'(a)h + f(a)$

→ 解答 p. 47

1 微分可能と連続

90 ［関数の微分可能性］

a, b, c, d は実数とする。関数 $f(x)=\begin{cases} x-1 & (x\leq -1) \\ ax^2+bx+c & (-1<x<1) \\ d-2x & (1\leq x) \end{cases}$ がすべての x で微分可能であるとき，$a=\boxed{}$，$d=\boxed{}$ である。

2 導関数の計算

91 ［定義による微分］

定義に従って，次の関数を微分せよ。

(1) $y=\sqrt{3x+2}$

(2) $y=\dfrac{x}{x-1}$

HINT **90** $x=\pm 1$ で連続である条件と，微分可能である条件を使う。 ▸ 4-1

91 導関数の定義 $f'(x)=\lim\limits_{h\to 0}\dfrac{f(x+h)-f(x)}{h}$ に従って微分する。 ▸ 4-1

➡ 解答 *p. 48*

92 ［関数の積の導関数］
次の関数を微分せよ。

(1) $y=(2x+1)(x-1)$

(2) $y=(x^2+x-2)(x^2+1)$

(3) $y=(x+1)(x+2)(x+3)$

93 ［関数の商の導関数］ テスト
次の関数を微分せよ。

(1) $y=\dfrac{x^2+1}{2x-1}$

(2) $y=\dfrac{2x}{x^2-x+1}$

3　合成関数の導関数

94 ［合成関数の導関数(1)］
次の関数を微分せよ。

(1) $y=(3x+2)^4$

(2) $y=\dfrac{1}{(2x-1)^3}$

95 ［合成関数の導関数(2)］ テスト
次の関数を微分せよ。

(1) $y=\sqrt{3-2x}$

(2) $y = \dfrac{1}{\sqrt{x^2+x+1}}$

4 逆関数の導関数

96 ［逆関数の導関数］
次の関数について，$\dfrac{dy}{dx}$ を y の式で表せ。

(1) $x = 2y^2 + 3y$

(2) $y^2 = 4x$

5 三角関数の導関数

97 ［三角関数の導関数］ 必修 テスト
次の関数を微分せよ。

(1) $y = \cos(x^2 + x + 1)$

(2) $y = \sin^3 x \cos^2 x$

(3) $y = \dfrac{\tan x}{\sin x + 2}$

HINT 92, 93 微分の公式の活用。 ⇨ 4-2
94, 95 $y = f(u)$，$u = g(x)$ のとき $\dfrac{dy}{dx} = \dfrac{dy}{du} \cdot \dfrac{du}{dx}$ ⇨ 4-3, ⇨ 4-4
96 $\dfrac{dy}{dx} = \dfrac{1}{\dfrac{dx}{dy}}$ を使う。 ⇨ 4-6 97 三角関数の導関数の公式の活用。 ⇨ 4-7

6 対数関数の導関数

98 [対数関数の導関数] テスト
次の関数を微分せよ。

(1) $y = \log_2 3x$

(2) $y = \{\log(2x-1)\}^3$

(3) $y = \dfrac{\log x}{x^2}$

99 [対数微分法]
次の関数を微分せよ。

(1) $y = \dfrac{x+1}{(x+2)^2(x+3)^3}$

(2) $y = x^{\frac{1}{x}}$ $(x > 0)$

7　指数関数の導関数

100　［指数関数の導関数］
次の関数を微分せよ。

(1)　$y = e^{x^2}$

(2)　$y = 3^{-2x+1}$

(3)　$y = e^{-x}(\sin x + \cos x)$

8　高次導関数

101　［等式の証明］
関数 $y = \sin x + \cos x$ について，$y''' + y'' + y' + y = 0$ を証明せよ。

102　［第 n 次導関数］
次の関数の第 n 次導関数を求めよ。

(1)　$y = \cos x$

(2)　$y = \log x$

HINT
- **98**　$(\log x)' = \dfrac{1}{x}$，$(\log_a x)' = \dfrac{1}{x \log a}$　⊶ 4-8
- **99**　両辺の絶対値の対数をとって微分する。（対数微分法）　⊶ 4-8
- **100**　$(e^x)' = e^x$，$(a^x)' = a^x \log a$　⊶ 4-9
- **101**　第2次導関数，第3次導関数を求め，等式を証明する。　⊶ 4-10
- **102**　微分を繰り返し，第 n 次導関数を推測する。　⊶ 4-10

→ 解答 p. 52

103 ［関数 $F(x, y)=0$ の導関数］ テスト

次の式で与えられる x の関数 y の導関数 $\dfrac{dy}{dx}$ を x と y で表せ。

(1) $\dfrac{x^2}{9} - \dfrac{y^2}{4} = 1$

(2) $xy = 1$

9　媒介変数で表された関数の導関数

104 ［媒介変数表示された関数の導関数］

次の関数について，$\dfrac{dy}{dx}$ を媒介変数 t で表せ。

(1) $x = \dfrac{1}{\cos t}$, $y = \tan t$

(2) $x = \dfrac{1-t^2}{1+t^2}$, $y = \dfrac{2t}{1+t^2}$

10　接線と法線

105 ［接線と法線］ 必修 テスト

曲線 $y = \dfrac{2x+1}{x-1}$ 上の点 $(2, 5)$ における，接線と法線の方程式を求めよ。

106 ［曲線外の点を通る接線］ テスト
点 $(0, 1)$ から曲線 $y=\log 2x$ に引いた接線の方程式と接点の座標を求めよ。

107 ［媒介変数表示された曲線の接線と法線］
曲線 $x=\cos^3\theta$, $y=\sin^3\theta$ 上で，$\theta=\dfrac{\pi}{6}$ に対応する点における接線と法線の方程式を求めよ。

HINT　**103** 与えられた等式の両辺を x で微分する。　4-11

　　　　104 まず，$\dfrac{dx}{dt}$, $\dfrac{dy}{dt}$ を求める。　4-12

　　　　105～**107** 微分法で，接線・法線の方程式を求める場合は，接点からスタート。　4-13

→ 解答 p.54

108 ［双曲線の接線］
双曲線 $\dfrac{x^2}{a^2}-\dfrac{y^2}{b^2}=1$ 上の点 $(x_1,\ y_1)$ における接線の方程式を求めよ。

109 ［曲線 $x^\alpha+y^\alpha=1$ の接線の方程式］
曲線 $x^{\frac{1}{3}}+y^{\frac{1}{3}}=1$ 上の点 $(x_1,\ y_1)$ における接線の方程式を求めよ。（ただし，$x_1 y_1 \neq 0$）

11 平均値の定理

110 [平均値の定理の利用] テスト
次の問いに答えよ。

(1) $x>0$ のとき，不等式 $1<\dfrac{e^x-1}{x}<e^x$ を示せ。

(2) $\displaystyle\lim_{x\to+0}\dfrac{e^x-1}{x}$ を求めよ。

12 関数の値の増減

111 [関数の値の増減と極値(1)]
次の関数について，増減を調べ，極値を求めよ。

$y=\dfrac{x^2+2x+1}{x-1}$

HINT 108, 109 接点からスタート。
接点の座標は $(x_1,\ y_1)$
傾き m は $\dfrac{dy}{dx}$ で，$x=x_1$，$y=y_1$ のときの値。
接線の方程式は $y-y_1=m(x-x_1)$ ○→4-13 (108の結果は ○→4-14)
110 (1) $f(x)=e^x$ とおき，「平均値の定理」を利用する。 ○→4-15
111 増減表を作成して，極大，極小となるところを探し，極値を求める。 ○→4-16

112 ［関数の値の増減と極値(2)］

次の関数について，増減を調べ，極値を求めよ。

(1) $y = \cos x + \cos^2 x \quad (0 \leq x \leq 2\pi)$

(2) $y = \cos 2x + 2\sin x \quad (0 \leq x \leq 2\pi)$

113 [関数の値の増減と極値(3)] テスト
次の関数について，増減を調べ，極値を求めよ。

(1) $y = x^2 e^{-x}$

(2) $y = \log(2 - x^2)$

114 [極値をもつ条件]
関数 $f(x) = (x+a)e^{2x^2}$ が極値をもつように，定数 a の値の範囲を定めよ。

HINT **112, 113** 増減表を作成して，増減を調べ，極値を求める。 4-16
114 $f'(x) = 0$ を満たす x の値の前後で $f'(x)$ の符号が変わるときに極値をもつ。 4-16

➡ 解答 p.58

115 [関数の最大・最小] テスト

関数 $f(x)=2\sin x+\sin 2x$ $(0\leqq x\leqq 2\pi)$ について,

(1) $f(x)$ の増減を調べ,そのグラフをかけ。

(2) $f(x)$ の最大値,最小値を求めよ。

13　第2次導関数の応用

116 [関数のグラフ]

関数 $f(x)=\dfrac{\log x}{x}$ の極値,グラフの凹凸,変曲点を調べ,グラフをかけ。

$\left(\text{ただし, }\displaystyle\lim_{x\to\infty}\dfrac{\log x}{x}=0\text{ を用いてもよい。}\right)$

117 ［グラフの凹凸］ テスト
関数 $f(x)=e^{-x}\cos x$ $(0\leqq x\leqq 2\pi)$ について，次の問いに答えよ。

(1) 関数 $f(x)$ の増減を調べ，極値を求めよ。

(2) 曲線 $y=f(x)$ の凹凸を調べ，変曲点の座標を求めよ。

118 ［第2次導関数と極大・極小の判定］
関数 $y=2\sin^2 x-x$ $(0\leqq x\leqq \pi)$ について，第 2 次導関数を利用して極大・極小を判定せよ。

HINT 115 グラフをかき，最大値，最小値を求める。 ○→ 4-16, ○→ 4-20
116, 117 $f'(x)$ を求めて増減表を作り，$f''(x)$ から凹凸の表を作成する。
○→ 4-16, ○→ 4-17, ○→ 4-18, ○→ 4-20
118 $f'(a)=0$, $f''(a)>0 \implies x=a$ で極小
$f'(a)=0$, $f''(a)<0 \implies x=a$ で極大 ○→ 4-19

14 グラフのかき方

119 [関数のグラフ(1)]
関数 $y = x + \sqrt{4-x^2}$ のグラフをかけ。

120 [関数のグラフ(2)]
関数 $f(x) = \dfrac{x^2}{x-1}$ の増減，極値，グラフの凹凸および変曲点を調べて，その概形をかけ。また漸近線の方程式を求めよ。

121 ［方程式への応用］
方程式 $kx^2 = e^x$ の実数解の個数を調べよ。

122 ［不等式への応用］💡必修 📝テスト
$x > 0$ のとき，次の不等式を証明せよ。
(1) $e^x > 1 + x$

(2) $e^x > 1 + x + \dfrac{x^2}{2}$

HINT **119** 関数 $f(x)$ の定義域を調べる。y', y'' を求め増減，凹凸を調べる。 ◯→4-20
　　　　120 **119**と同様，増減，凹凸を調べる。漸近線の方程式を求める。 ◯→4-20
　　　　121 方程式 $f(x) = g(x)$ の実数解の個数 $\iff$ $y = f(x)$, $y = g(x)$ の共有点の個数
　　　　122 $x > a$ で $f(x) > 0$ をいうには，$f'(x) > 0$ かつ $f(a) \geqq 0$ を示せばよい。
　　　　　　（常に増加のときは，左端が正または 0 になることを示せばよい。）

15 速度・加速度

123 ［速度・加速度］
点 $P(x, y)$ が時刻 t を媒介変数として，$x=\cos^3 t$, $y=\sin^3 t$ で表される曲線上を動くとき，速度 $\vec{v}$, 加速度 $\vec{\alpha}$ とそれぞれの大きさを求めよ。

16 関数の近似式

124 ［近似式］
$|x|$ が十分小さいとき，次の関数の近似式を作れ。

(1) $(1+x)^4$

(2) $\dfrac{1}{(1+x)^2}$

(3) $\tan x$

125 ［近似値］
1次の近似式を用いて，次の近似値を求めよ。ただし，(2)では $\log 100 = 4.605$ を用いてもよい。

(1) 1.001^{20}

(2) $\log 100.1$

HINT 123 速度 $\vec{v} = \left(\dfrac{dx}{dt}, \dfrac{dy}{dt}\right)$　　加速度 $\vec{a} = \left(\dfrac{d^2x}{dt^2}, \dfrac{d^2y}{dt^2}\right)$　 4-21

124 $|x|$ が十分 0 に近いとき　$f(x) \fallingdotseq f'(0)x + f(0)$　 4-22

125 近似式を求め，近似値を求める。 4-22

入試問題にチャレンジ

17 すべての実数 x の値において微分可能な関数 $f(x)$ は次の2つの条件を満たすものとする。

(A) すべての実数 x, y に対して $f(x+y)=f(x)+f(y)+8xy$

(B) $f'(0)=3$

ここで，$f'(a)$ は関数 $f(x)$ の $x=a$ における微分係数である。 （東京理科大・改）

(1) $f(0)=\boxed{ア}$

(2) $\displaystyle\lim_{h \to 0}\frac{f(h)}{h}=\boxed{イ}$

(3) $f'(1)=\boxed{ウ}$

18 次の関数を微分せよ。

(1) $y=\dfrac{1-x^2}{1+x^2}$ （宮崎大）

(2) $y=\sqrt{\dfrac{2-x}{x+2}}$ （広島市大）

(3) $y=\sin^3 2x$ （茨城大）

(4) $y=\log(x+\sqrt{x^2+1})$ （津田塾大）

19 方程式 $3xy-2x+5y=0$ で定められる x の関数 y について，$\dfrac{dy}{dx}=\dfrac{2-3y}{3x+5}$ となることを示せ。

(甲南大)

20 関数 $y=\dfrac{1}{1-7x}$ の第 n 次導関数 $y^{(n)}$ を求めよ。

(関西大)

21 t を媒介変数として $\begin{cases} x=e^t \\ y=e^{-t^2} \end{cases}$ で表される曲線を C とする。
ここで，e は自然対数の底である。

(東京理科大・改)

(1) $\dfrac{dy}{dx}$ を t の式で表せ。

(2) 曲線 C 上の $t=1$ に対応する点における接線の方程式を求めよ。

22 関数 $f(x) = x + \cos 2x$ がある。関数 $y = f(x)$ $\left(0 \leq x \leq \dfrac{\pi}{2}\right)$ の増減およびグラフの凹凸を調べ，その概形をかけ。

(山形大・改)

23 時刻 t における座標が $x = 2\cos t + \cos 2t$, $y = \sin 2t$ で表される xy 平面上の点 P の運動を考えるとき，P の速さ，すなわち速度ベクトル $\vec{v} = \left(\dfrac{dx}{dt},\ \dfrac{dy}{dt}\right)$ の大きさの最大値と最小値を求めよ。

(東京大・改)

24 $x \geq 0$ のとき，次の不等式が成り立つことを示せ。　　　　　（奈良教育大）

(1) $\sin x \leq x$

(2) $1 - \dfrac{1}{2}x^2 \leq \cos x$

(3) $x - \dfrac{1}{6}x^3 \leq \sin x$

25 a を実数とし，xy 平面上において，2つの放物線 $C: y = x^2$，$D: x = y^2 + a$ を考える。（新潟大）

(1) p，q を実数として，直線 $l: y = px + q$ が C に接するとき，q を p で表せ。

(2) (1)において，直線 l がさらに D にも接するとき，a を p で表せ。

(3) C と D の両方に接する直線の本数を，a の値によって場合分けして求めよ。

5章 積分法とその応用

（この章では，とくに断りのないとき，C は積分定数を表すものとする。）

1節 積分法

5-1 □ 不定積分の公式

① $\alpha \neq -1$ のとき　$\displaystyle\int x^\alpha dx = \frac{1}{\alpha+1}x^{\alpha+1} + C$

② $\alpha = -1$ のとき　$\displaystyle\int \frac{1}{x}dx = \log|x| + C$

③ $\displaystyle\int \sin x\, dx = -\cos x + C$

④ $\displaystyle\int \cos x\, dx = \sin x + C$

⑤ $\displaystyle\int \frac{1}{\cos^2 x}dx = \tan x + C$

⑥ $\displaystyle\int e^x dx = e^x + C$

⑦ $\displaystyle\int a^x dx = \frac{1}{\log a}a^x + C$　（$a \neq 1$，$a > 0$）

⑧ $F'(x) = f(x)$ のとき　$\displaystyle\int f(ax+b) = \frac{1}{a}F(ax+b) + C$

5-2 □ 置換積分法

① $x = v(t)$ とすれば　$\displaystyle\int f(x)dx = \int f(x)\frac{dx}{dt}dt = \int f(v(t))v'(t)dt$

　特に　$\displaystyle\int \frac{f'(x)}{f(x)}dx = \log|f(x)| + C$

② $\displaystyle\int f(g(x))g'(x)dx$ の場合は $g(x) = t$ とおく。

　$g'(x)\dfrac{dx}{dt} = 1$ より $g'(x)dx = dt$ と考えて

$$\int f(g(x))\,\boxed{g'(x)dx} = \int f(t)\,\boxed{dt}$$

5-3 □ 部分積分法

$$\int f(x)g'(x)dx = f(x)g(x) - \int f'(x)g(x)dx$$

5-4 定積分

$f(x)$ の原始関数の 1 つを $F(x)$ とすると

$$\int_a^b f(x)\,dx = \Big[F(x)\Big]_a^b = F(b) - F(a)$$

定積分については次のような性質がある。

① $\int_a^a f(x)\,dx = 0$

② $\int_a^b f(x)\,dx = -\int_b^a f(x)\,dx$

③ $\int_a^b f(x)\,dx = \int_a^c f(x)\,dx + \int_c^b f(x)\,dx$

5-5 定積分の置換積分法

① $\int_a^b f(g(x))g'(x)\,dx$ は, $g(x) = t$ とおくと

Step1 積分区間の変更
$g(a) = \alpha$, $g(b) = \beta$

x	$a \to b$
t	$\alpha \to \beta$

Step2 積分変数の変更

$g(x) = t$ のとき $g'(x)\dfrac{dx}{dt} = 1$ $g'(x)\,dx = dt$ とおき換える。

Step3 $\int_a^b f(g(x))g'(x)\,dx = \int_\alpha^\beta f(t)\,dt$

② $\int_a^b \dfrac{f'(x)}{f(x)}\,dx = \Big[\log|f(x)|\Big]_a^b$

5-6 特別な置換積分

① $\int_\alpha^\beta \sqrt{a^2 - x^2}\,dx$, $\int_\alpha^\beta \dfrac{k}{\sqrt{a^2 - x^2}}\,dx$ タイプは $x = a\sin\theta$ とおく。

② $\int_\alpha^\beta \dfrac{1}{a^2 + x^2}\,dx$ タイプは $x = a\tan\theta$ とおく。

5-7 定積分の部分積分法

$$\int_a^b f(x)g'(x)\,dx = \Big[f(x)g(x)\Big]_a^b - \int_a^b f'(x)g(x)\,dx$$

5-8 微分と積分の関係

$$\dfrac{d}{dx}\int_a^x f(t)\,dt = f(x)$$

5-9 区分求積法と定積分

$$\lim_{n\to\infty} \dfrac{1}{n}\sum_{k=1}^n f\left(\dfrac{k}{n}\right) = \int_0^1 f(x)\,dx$$

5-10 定積分と不等式

$a \leq x \leq b$ で $g(x) \leq f(x) \leq h(x)$ ならば

$$\int_a^b g(x)\,dx \leq \int_a^b f(x)\,dx \leq \int_a^b h(x)\,dx$$

2節 積分法の応用

5-11 2曲線間の面積

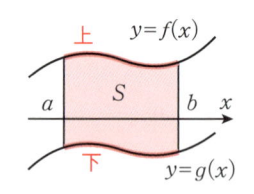

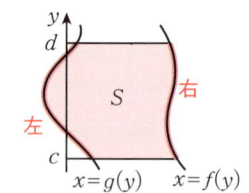

① $S = \int_a^b \{f(x) - g(x)\} dx$ （上 − 下）

② $S = \int_c^d \{f(y) - g(y)\} dy$ （右 − 左）

5-12 体積

$V = \int_a^b S(x) dx$

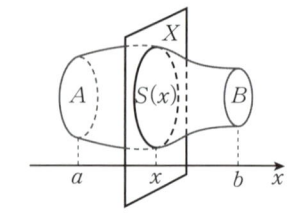

5-13 回転体の体積

① x 軸回転　　$V = \pi \int_a^b y^2 dx = \pi \int_a^b \{f(x)\}^2 dx$

② y 軸回転　　$V = \pi \int_c^d x^2 dy = \pi \int_c^d \{g(y)\}^2 dy$

5-14 曲線の長さ・道のり

① 曲線 $x = f(t)$, $y = g(t)$ $(\alpha \leq t \leq \beta)$ の長さ L は

$$L = \int_\alpha^\beta \sqrt{\left(\frac{dx}{dt}\right)^2 + \left(\frac{dy}{dt}\right)^2} dt$$

② 曲線 $y = f(x)$ $(a \leq x \leq b)$ の長さ L は

$$L = \int_a^b \sqrt{1 + \left(\frac{dy}{dx}\right)^2} dx$$

③ 数直線上を運動する点 P が時刻 t の関数として
$x = f(t)$ $(\alpha \leq t \leq \beta)$ で表されるとき，速度 $v = f'(t)$
このときの道のり L は

$$L = \int_\alpha^\beta |v| dt = \int_\alpha^\beta |f'(t)| dt$$

平面上を運動する場合は①と同じ。

5-15 微分方程式の解法

$f(y) \dfrac{dy}{dx} = g(x) \Longrightarrow \int f(y) dy = \int g(x) dx$

➡ 解答 p.69

1 不定積分

126 ［不定積分の計算(1)］
次の不定積分を求めよ。

(1) $\int x^4 \, dx$

(2) $\int \dfrac{1}{x^4} \, dx$

(3) $\int \dfrac{1}{\sqrt[3]{x}} \, dx$

(4) $\int \dfrac{2}{x} \, dx$

127 ［不定積分の計算(2)］必修
次の不定積分を求めよ。

(1) $\int x^2(x^2 - 3x + 1) \, dx$

(2) $\int \dfrac{x^2 + 2\sqrt{x} - 1}{x} \, dx$

(3) $\int \dfrac{(x-1)^3}{x^2} \, dx$

HINT 126, 127 不定積分の公式の活用。 5-1

➡ 解答 *p. 70*

128 [$(ax+b)^n$ の不定積分]
次の不定積分を求めよ。

(1) $\int (1-3x)^2 \, dx$

(2) $\int \sqrt{3x-1} \, dx$

(3) $\int \dfrac{1}{\sqrt{3x-1}} \, dx$

(4) $\int \dfrac{1}{1-3x} \, dx$

129 [三角関数の不定積分]
次の不定積分を求めよ。

(1) $\int \sin 2x \, dx$

(2) $\int \cos^2 3x \, dx$

(3) $\int \dfrac{1}{\cos^2 3x} \, dx$

130 ［指数関数の不定積分］
次の不定積分を求めよ。

(1) $\displaystyle\int e^{2x+3}dx$

(2) $\displaystyle\int (2^x+2^{-x})^3 dx$

2　置換積分法

131 ［$ax+b=t$ と置換する不定積分］
次の不定積分を求めよ。

(1) $\displaystyle\int x\sqrt{2x-3}\,dx$

(2) $\displaystyle\int \frac{x}{(1-x)^2}dx$

HINT　128〜130　$\displaystyle\int f(ax+b)\,dx=\frac{1}{a}F(ax+b)+C$　5-1

131　$ax+b=t$ とおく置換積分。
$dx=\dfrac{1}{a}dt$　5-2

132 $\left[\int \dfrac{f'(x)}{f(x)} dx \text{ 型の不定積分}\right]$
次の不定積分を求めよ。

(1) $\displaystyle\int \dfrac{3x^2-2x+1}{x^3-x^2+x-1} dx$

(2) $\displaystyle\int \dfrac{1+\cos x}{x+\sin x} dx$

(3) $\displaystyle\int \dfrac{e^x}{e^x-1} dx$

133 $\left[\int f(g(x))g'(x)\,dx \text{ 型の不定積分}\right]$
次の不定積分を求めよ。

(1) $\displaystyle\int \dfrac{\log x}{2x} dx$

(2) $\displaystyle\int xe^{-3x^2} dx$

(3) $\displaystyle\int e^{\sin x}\cos x\,dx$

3 部分積分法

134 ［部分積分法(1)］ 必修 テスト
次の不定積分を求めよ。

(1) $\int x\sin 2x\,dx$

(2) $\int x\log x\,dx$

135 ［部分積分法(2)］
次の不定積分を求めよ。

(1) $\int x^2\cos x\,dx$

(2) $\int e^{-x}\sin x\,dx$

HINT 132, 133 置換積分法を利用する。 5-2
134, 135 部分積分法を利用する。 5-3

4 いろいろな不定積分

136 ［分数関数の不定積分］
次の不定積分を求めよ。

$$\int \frac{2x^3+3x^2+x+1}{2x^2+3x+1} dx$$

137 ［三角関数の積の不定積分］
次の不定積分を求めよ。

(1) $\int \sin 3x \cos 2x \, dx$

(2) $\int \sin 3x \sin 2x \, dx$

138 ［部分分数分解を利用した不定積分］ 必修
次の問いに答えよ。

(1) 等式 $\dfrac{1}{(x+1)(x+2)^2} = \dfrac{a}{x+1} + \dfrac{b}{x+2} + \dfrac{c}{(x+2)^2}$ がすべての実数 x について成立するように，a，b，c の値を定めよ。

(2) 不定積分 $\displaystyle\int \frac{1}{(x+1)(x+2)^2} dx$ を求めよ。

5 定積分

139 [定積分の計算]
次の定積分を求めよ。

(1) $\int_0^1 x^3 \, dx$

(2) $\int_2^4 \dfrac{1}{x} \, dx$

(3) $\int_1^2 \dfrac{3x^3+2x^2-1}{x^2} \, dx$

140 [三角関数の定積分] テスト
次の定積分を求めよ。

(1) $\int_0^{\frac{\pi}{3}} \sin 4x \, dx$

(2) $\int_0^{\frac{\pi}{2}} (1+\sin x)\cos x \, dx$

141 [指数関数の定積分・部分分数分解の利用]
次の定積分を求めよ。

(1) $\int_0^3 5^x \, dx$

(2) $\int_{-1}^1 (e^x + e^{-x})^2 \, dx$

(3) $\int_1^2 \dfrac{1}{(x+1)(x+3)} \, dx$

HINT 136〜138 商や積は和の形に分解する。 5-1 139〜141 定積分の公式の活用。 5-4

6 定積分の置換積分法

142 ［$ax+b=t$ とおく置換積分］
次の定積分を求めよ。

(1) $\displaystyle\int_{-2}^{0}(2x+3)^3\,dx$

(2) $\displaystyle\int_{1}^{3}(x-1)^2(x-3)\,dx$

143 ［$\sqrt[n]{ax+b}=t$ とおく置換積分］
次の定積分を求めよ。

(1) $\displaystyle\int_{1}^{3}x\sqrt{3x-2}\,dx$

(2) $\displaystyle\int_{-1}^{12}\dfrac{x}{\sqrt[3]{2x+3}}\,dx$

144 ［$f(g(x))\cdot g'(x)$ 型の置換積分］
次の定積分を求めよ。

(1) $\displaystyle\int_{0}^{\frac{\pi}{4}}\cos^2 x\sin x\,dx$

(2) $\displaystyle\int_{e}^{e^2} \frac{(\log x)^3}{x} dx$

145 $\left[\displaystyle\int_{\alpha}^{\beta} \frac{f'(x)}{f(x)} dx \text{ 型の置換積分}\right]$ 必修 テスト
次の定積分を求めよ。

(1) $\displaystyle\int_{-1}^{2} \frac{2x-1}{x^2-x+1} dx$

(2) $\displaystyle\int_{0}^{1} \frac{e^x}{e^x+1} dx$

146 $\left[\displaystyle\int_{\alpha}^{\beta} \sqrt{a^2-x^2}\, dx \text{ 型の置換積分}\right]$
次の定積分を求めよ。

(1) $\displaystyle\int_{0}^{\sqrt{3}} \sqrt{8-2x^2}\, dx$

(2) $\displaystyle\int_{0}^{\frac{3}{2}} \frac{1}{\sqrt{9-x^2}} dx$

HINT 142〜145 おき換えの工夫をする。 5-5
146 $\sqrt{a^2-x^2}$ の形をみたら $x=a\sin\theta$ とおき換える。 5-6

5章 積分法とその応用

➡ 解答 p. 78

147 $\left[\int_\alpha^\beta \dfrac{1}{a^2+x^2} dx \text{ 型の置換積分}\right]$ テスト

次の定積分を求めよ。

(1) $\displaystyle\int_0^{\sqrt{3}} \dfrac{dx}{x^2+3}$

(2) $\displaystyle\int_0^1 \dfrac{x^2}{(1+x^2)^3} dx$

148 ［部分分数分解を利用した定積分］

定積分 $\displaystyle\int_1^2 \dfrac{1}{x(x+1)^2} dx$ の値を求めよ。

7 定積分の部分積分法

149 ［定積分の部分積分法］
次の定積分を求めよ。

(1) $\displaystyle\int_0^2 xe^{-x}dx$

(2) $\displaystyle\int_1^e \dfrac{1}{x^2}\log x\,dx$

150 ［奇関数・偶関数の定積分］
次の定積分を求めよ。

(1) $\displaystyle\int_{-\frac{\pi}{3}}^{\frac{\pi}{3}}|\sin x|\,dx$

(2) $\displaystyle\int_{-\frac{\pi}{6}}^{\frac{\pi}{6}}\sin x\,dx$

8 定積分と微分

151 ［定積分で定義された関数(1)］ 必修 テスト
次の関数を x で微分せよ。

(1) $f(x)=\displaystyle\int_0^x t\sin t\,dt$

(2) $f(x)=\displaystyle\int_0^x x\sin t\,dt$

HINT **147** $\dfrac{1}{a^2+x^2}$ の形をみたら，$x=a\tan\theta$ とおき換える。　5-6

148 $\dfrac{1}{x(x+1)^2}=\dfrac{a}{x}+\dfrac{b}{x+1}+\dfrac{c}{(x+1)^2}$ と，部分分数に分解する。　**149** 部分積分法を使う。　5-7

150 区間 $-a\leqq x\leqq a$ に注目。　**151** $F(x)=\displaystyle\int_0^x f(t)dt$ のとき　$F'(x)=f(x)$　5-8

152 ［定積分で定義された関数(2)］ テスト 難

連続関数 $f(x)$ に対して $F(x)=x-\int_0^x tf(x-t)dt$ とする。$F''(x)=\cos x$ のとき，関数 $f(x)$ と $F(x)$ を求めよ。

153 ［部分積分法の活用］ 難

次の定積分の値を求めよ。

$$I=\int_0^{\frac{\pi}{4}} e^{-x}\cos 2x\, dx$$

9 区分求積法と定積分

154 ［定積分と級数］

定積分を利用して，次の極限値を求めよ。

(1) $\displaystyle\lim_{n\to\infty} \frac{1}{\sqrt{n}}\left(\frac{1}{\sqrt{n+1}}+\frac{1}{\sqrt{n+2}}+\frac{1}{\sqrt{n+3}}+\cdots+\frac{1}{\sqrt{2n}}\right)$

(2) $\displaystyle\lim_{n\to\infty} \frac{1}{n}\sum_{k=1}^{n}\sin\frac{k\pi}{n}$

155 ［定積分と不等式(1)］

不等式 $2(\sqrt{n+1}-1) < 1+\dfrac{1}{\sqrt{2}}+\dfrac{1}{\sqrt{3}}+\cdots+\dfrac{1}{\sqrt{n}}$ を証明し，$\displaystyle\sum_{k=1}^{\infty}\frac{1}{\sqrt{k}}$ が発散することを示せ。

HINT
- **152** 微分と積分の関係をしっかりとらえること。 ⇨ 5-8
- **153** 部分積分を繰り返すと，同じ積分がでてくる。 ⇨ 5-7
- **154** $\displaystyle\lim_{n\to\infty}\frac{1}{n}\sum_{k=1}^{n}f\!\left(\frac{k}{n}\right)=\int_0^1 f(x)\,dx$ ⇨ 5-9
- **155** 図をかいて不等式を作り，定積分へもちこむ。 ⇨ 5-9

➡ 解答 p. 82

156 ［定積分と不等式(2)］ テスト
次の問いに答えよ。

(1) $0 < x < \dfrac{\pi}{2}$ のとき，$\dfrac{2}{\pi}x < \sin x < x$ であることを示せ。

(2) (1)を利用して $\dfrac{\pi}{2}(e-1) < \displaystyle\int_0^{\frac{\pi}{2}} e^{\sin x} dx < e^{\frac{\pi}{2}} - 1$ を示せ。

157 ［漸化式と定積分］ 難
$I_n = \displaystyle\int_0^{\frac{\pi}{2}} \cos^n x \, dx$ とするとき，次の問いに答えよ。

(1) $I_n = \dfrac{n-1}{n} I_{n-2}$ $(n \geq 2)$ が成り立つことを示せ。

(2) (1)を利用して，定積分 $\displaystyle\int_0^{\frac{\pi}{2}} \cos^4 x \, dx$ を求めよ。

10 面積と定積分

158 ［面積と定積分］必修 テスト
次の曲線や直線で囲まれた図形の面積 S を求めよ。

(1) $y=\dfrac{1}{x}$, x 軸, $x=1$, $x=e$

(2) $y=\sin x$, $y=\cos x-1$ $\left(0\leqq x\leqq \dfrac{3}{2}\pi\right)$

159 ［曲線とその接線で囲まれた部分の面積］テスト
曲線 $C：y=\log x$ と，原点を通る C の接線 l について，次の問いに答えよ。

(1) 接線 l の方程式を求めよ。

(2) 曲線 C と接線 l と x 軸で囲まれた図形の面積 S を $\displaystyle\int_a^b f(x)dx$ と $\displaystyle\int_c^d g(y)dy$ の 2 通りの方法で求めよ。

HINT 156 グラフを利用する。 ↪ 5-10　157 部分積分を使って漸化式を作る。 ↪ 5-7
158, 159 曲線や直線で囲まれた部分の面積。 ↪ 5-11

➡ 解答 p.84

160 ［部分積分法と面積］
$y=xe^x$, x軸, $x=1$で囲まれた図形の面積Sを求めよ。

161 ［不等式で表された領域の面積］
連立不等式 $x^2+y^2\leqq 1$, $y\geqq x^2-1$ で表される領域の面積を求めよ。

162 ［媒介変数表示された曲線で囲まれた図形の面積］ 難

tを媒介変数とする曲線 $\begin{cases} x=4\cos t \\ y=\sin 2t \end{cases}$ $(0\leqq t\leqq 2\pi)$

で囲まれた図形の面積を求めよ。

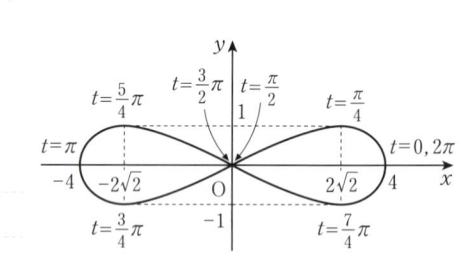

11 体積と定積分

163 ［立体の体積］
xy 平面上の曲線 $C: y = \sin x \left(0 \leq x \leq \dfrac{\pi}{2}\right)$ を考える。曲線 C 上の点 $P(x, y)$ から x 軸に下ろした垂線と x 軸との交点を $Q(x, 0)$ とする。線分 PQ を 1 辺とする正方形 L を xy 平面に垂直に立てる。点 P が曲線 C 上を動くとき L が通過してできる立体の体積 V を求めよ。

164 ［回転体の体積］
曲線 $y = \sqrt{x+1} - 1$ と x 軸および直線 $x = 3$ とで囲まれた図形を x 軸のまわりに 1 回転してできる立体の体積 V を求めよ。

165 ［放物線の回転体の体積］必修 テスト
a を正の定数とし，曲線 $y = (x-a)^2$，x 軸および y 軸とで囲まれた部分を，x 軸のまわりに 1 回転してできる立体の体積と，y 軸のまわりに 1 回転してできる立体の体積とが等しくなるように，a の値を定めよ。

HINT
160 曲線と直線で囲まれた部分の面積。 5-11
161, 162 領域の面積。 5-11
163 立体の体積は切り口の面積 $S(x)$ を積分して求めればよい。 5-12
164, 165 回転体は切り口が円になる。 5-13

166 ［円の回転体の体積］
円 $x^2+(y-a)^2=r^2$ $(a>r>0)$ を x 軸のまわりに1回転してできる回転体の体積 V を求めよ。

167 ［媒介変数表示された曲線の回転体の体積］　難
θ を媒介変数とする曲線 $\begin{cases} x=a\cos^3\theta \\ y=a\sin^3\theta \end{cases}$ で囲まれた図形を，x 軸のまわりに1回転してできる立体の体積 V を求めよ。

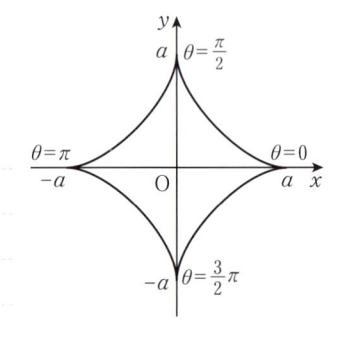

168 ［部分積分法と体積］　難
$y=e^{-x}\sin x$ $(0\leqq x\leqq n\pi)$ と x 軸で囲まれた部分を x 軸のまわりに1回転させてできる回転体の体積を V_n とおく。V_n および極限値 $\lim_{n\to\infty} V_n$ を求めよ。

169 [減衰曲線の面積と級数] 難

数列 $\{a_n\}$ を次のように定義する。

$$a_n = \int_{(n-1)\pi}^{n\pi} e^{-x} \sin 2x \, dx$$

(1) a_1 を求めよ。

(2) $\sum_{n=1}^{\infty} a_n^2$ を求めよ。

12 曲線の長さ・道のり

170 [曲線の長さ(1)]
曲線 $x=e^t\cos t$, $y=e^t\sin t$ $(0\leqq t\leqq 1)$ の長さ L を求めよ。

171 [曲線の長さ(2)]
曲線 $y=\log(\sin x)$ $\left(\dfrac{\pi}{3}\leqq x\leqq \dfrac{\pi}{2}\right)$ の長さ L を求めよ。

172 ［道のり］
座標平面上を動く点 P の時刻 t における座標が
$$x=\int_0^t (1+\theta)\cos\theta\, d\theta, \quad y=\int_0^t (1+\theta)\sin\theta\, d\theta$$
で与えられている。時刻 $t=0$ から 2π までの点 P の動く道のり L を求めよ。

13 微分方程式

173 ［微分方程式］
次の微分方程式を解け。
$$\frac{dy}{dx}=e^y \quad (x=e,\ y=-1 \text{ を満たす})$$

174 ［曲線の決定］
p を任意の定数とする放物線 $y^2=4px$ と交わる曲線があり，交点におけるそれぞれの接線の傾きは垂直である。この曲線の中で点 $(0,\ 1)$ を通るものの方程式を求めよ。

HINT **170**～**172** 公式を利用する。 ⚙ 5-14

173 変数を分離させて $f(y)\dfrac{dy}{dx}=g(x)$ を作り $\int f(y)\,dy=\int g(x)\,dx$ を解く。 ⚙ 5-15

174 p が任意だから p を消去する。 ⚙ 5-15

➡ 解答 *p. 90*

入試問題にチャレンジ

26 次の不定積分を求めよ。

(1) $\int \dfrac{x^2}{x^2-1} dx$ （茨城大）

(2) $\int \cos^3 x \, dx$ （岡山県立大）

27 次の定積分を求めよ。

(1) $\int_{-1}^{1} \sqrt{4-x^2} \, dx$ （奈良教育大）

(2) $\int_{1}^{e} x^2 \log x \, dx$ （東京電機大）

28 $x \geqq 0$ のとき，関数 $F(x) = -x + \int_{0}^{x} (xt - t^2) e^t \, dt$ が最小となるときの x の値を求めよ。

（大分大・改）

29 曲線 $C: y=xe^{-2x}$ の変曲点と原点を通る直線を l とする。曲線 C と直線 l で囲まれた部分の面積を求めよ。

(弘前大)

30 $0 \leqq x \leqq \dfrac{\pi}{2}$ において，$y=\sin x$ と $y=\sqrt{3}\cos x$ にはさまれた図形を D とする。D を x 軸のまわりに1回転してできる立体の体積を求めよ。

(三重大・改)

31 平面上の曲線 C が媒介変数 t を用いて $x=\sin t-t\cos t$, $y=\cos t+t\sin t$ $(0\leqq t\leqq \pi)$ で与えられているとき，曲線 C の長さを求めよ。

(九州大・改)

32 第1象限内に曲線 C がある。C 上の任意の点 P における接線が x 軸，y 軸と交わる点をそれぞれ Q，R とする。点 P は常に線分 QR を 2:1 に外分するという。このとき，曲線 C の満たす微分方程式は ア である。また，C が点 $(4, 1)$ を通るとき，C の方程式は イ である。 (日本大)

Σ BEST
シグマベスト

高校 これでわかる問題集

数学 III

正解答集

文英堂

もくじ

1章 式と曲線
- 問題 ……………………………………………… 2
- 入試問題にチャレンジ ………………………… 12

2章 複素数平面
- 問題 ……………………………………………… 14
- 入試問題にチャレンジ ………………………… 19

3章 関数と極限
- 問題 ……………………………………………… 22
- 入試問題にチャレンジ ………………………… 43

4章 微分法とその応用
- 問題 ……………………………………………… 47
- 入試問題にチャレンジ ………………………… 64

5章 積分法とその応用
- 問題 ……………………………………………… 69
- 入試問題にチャレンジ ………………………… 90

● 問題の縮刷 ……………………………………… 93

→ 問題 *p.6*

1 放物線

1 ［放物線の焦点と準線］

次の放物線の焦点および準線を求めよ。

(1) $y^2=2x$

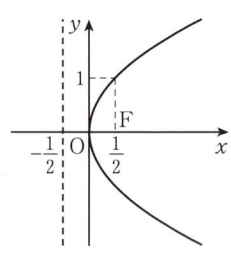

$y^2=4\left(\dfrac{1}{2}\right)x$ より

焦点 $\left(\dfrac{1}{2},\ 0\right)$, 準線 $x=-\dfrac{1}{2}$ …答

(2) $x^2=-2y$

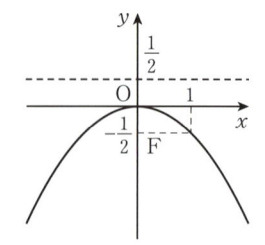

$x^2=4\left(-\dfrac{1}{2}\right)y$ より

焦点 $\left(0,\ -\dfrac{1}{2}\right)$, 準線 $y=\dfrac{1}{2}$ …答

2 ［放物線の方程式と概形］

次の放物線の方程式を求めよ。また、その概形をかけ。

(1) 焦点 $(-1,\ 0)$, 準線 $x=1$

焦点 $(-1,\ 0)$, 準線 $x=1$ より

$p=-1$

$y^2=4\cdot(-1)x$ より

$y^2=-4x$ …答

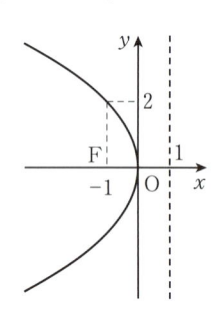

(2) 頂点 $(0,\ 0)$, 準線 $y=-3$

頂点 $(0,\ 0)$, 準線 $y=-3$ より

焦点は点 $(0,\ 3)$ で $p=3$

$x^2=4\cdot 3\cdot y$ より

$x^2=12y$ …答

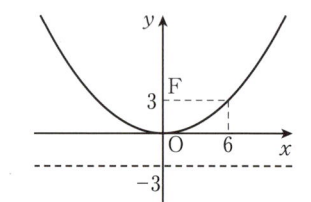

3 ［軌跡の求め方(1)］

直線 $x=-2$ に接し、定点 $A(2,\ 0)$ を通る円の中心 P の軌跡を求めよ。

$P(x,\ y)$ とし、円と直線 $x=-2$ との接点を H とする。

この円が定点 A を通るので $PH=PA$

$|x+2|=\sqrt{(x-2)^2+y^2}$

両辺を 2 乗して $x^2+4x+4=x^2-4x+4+y^2$

よって **放物線 $y^2=8x$** …答

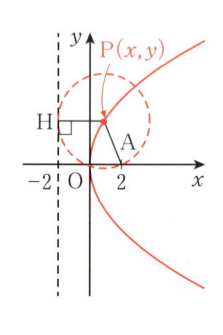

4 [軌跡の求め方(2)]
　$x>0$ の範囲で y 軸に接し，円 $(x-3)^2+y^2=9$ に外接する円の中心Pの軌跡を求めよ。

動円の中心を $P(x, y)$ とし，Pから y 軸へ引いた垂線と y 軸との交点を H，中心 $C(3, 0)$，半径3の円との接点（外接）を M とするとき，
条件から　$PH=PM=PC-3$
よって　$x=\sqrt{(x-3)^2+y^2}-3$　　$x+3=\sqrt{(x-3)^2+y^2}$
両辺を2乗して　$x^2+6x+9=x^2-6x+9+y^2$
よって　**放物線 $y^2=12x$**（ただし，原点を除く）　…答

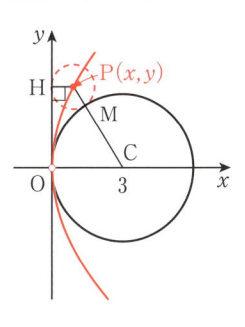

2　楕　円

5 [楕円の概形] 必修 テスト
　楕円 $4x^2+9y^2=36$ の頂点，焦点および長軸，短軸の長さを求め，その概形をかけ。

$4x^2+9y^2=36$ より　$\dfrac{x^2}{9}+\dfrac{y^2}{4}=1$

よって，**頂点は　4点 $(3, 0), (-3, 0), (0, 2), (0, -2)$**　…答

これより　**長軸の長さ　6，短軸の長さ　4**　…答

焦点F，F′については $\sqrt{3^2-2^2}=\sqrt{5}$ で，

焦点は長軸上にあるから　**$F(\sqrt{5}, 0), F'(-\sqrt{5}, 0)$**　…答

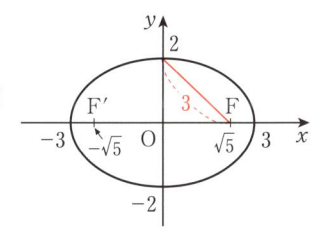

6 [楕円となる軌跡] テスト
　長さ6の線分ABがあり，端点Aは x 軸上，端点Bは y 軸上を動くとき，線分ABを $2:1$ に内分する点Pの軌跡を求めよ。

$A(u, 0), B(0, v), P(x, y)$ とおく。
Pは線分ABを $2:1$ に内分するから，

$x=\dfrac{1\cdot u+2\cdot 0}{2+1}$ より，$x=\dfrac{u}{3}$ だから　$u=3x$　…①

$y=\dfrac{1\cdot 0+2\cdot v}{2+1}$ より，$y=\dfrac{2v}{3}$ だから　$v=\dfrac{3}{2}y$　…②

$AB=6$ より　$u^2+v^2=6^2$　…③

①，②を③に代入して　$(3x)^2+\left(\dfrac{3}{2}y\right)^2=6^2$

したがって，求める軌跡は　**楕円 $\dfrac{x^2}{4}+\dfrac{y^2}{16}=1$**　…答

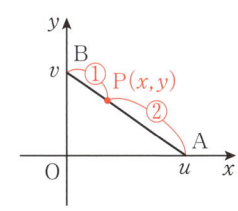

➡ 問題 p. 8

7 ［楕円の方程式］
楕円 $\dfrac{x^2}{5}+\dfrac{y^2}{2}=1$ と同じ焦点をもち，点 $(0, 1)$ を通る楕円の方程式を求めよ。

求める楕円の方程式を $\dfrac{x^2}{a^2}+\dfrac{y^2}{b^2}=1$ …① とおく。

与えられた楕円 $\dfrac{x^2}{5}+\dfrac{y^2}{2}=1$ の焦点は 2 点 $(\pm\sqrt{3}, 0)$ だから $a^2-b^2=3$ …②

また，①は点 $(0, 1)$ を通るので，$\dfrac{1}{b^2}=1$ より $b^2=1$ …③

③を②に代入して $a^2=4$

したがって，求める楕円の方程式は $\dfrac{\boldsymbol{x^2}}{\boldsymbol{4}}+\boldsymbol{y^2}=\boldsymbol{1}$ …答

8 ［円の拡大・縮小で楕円を求める］
円 $x^2+y^2=6^2$ を次のように拡大，縮小したときの楕円の方程式を求めよ。

(1) y 軸方向に $\dfrac{2}{3}$ 倍に縮小

円周上の点を $Q(u, v)$ とすると $u^2+v^2=6^2$ …①

求める楕円上の点で，点 Q に対応する点を $P(x, y)$ とする。

$x=u,\ y=\dfrac{2}{3}v$ より $u=x,\ v=\dfrac{3}{2}y$ これらを①に代入して

$x^2+\left(\dfrac{3}{2}y\right)^2=6^2$ よって $\dfrac{\boldsymbol{x^2}}{\boldsymbol{36}}+\dfrac{\boldsymbol{y^2}}{\boldsymbol{16}}=\boldsymbol{1}$ …答

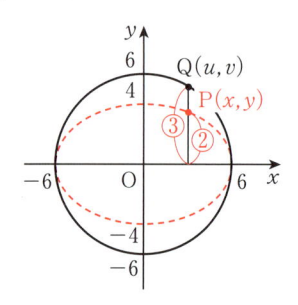

(2) x 軸方向に $\dfrac{3}{2}$ 倍に拡大

$x=\dfrac{3}{2}u,\ y=v$ より $u=\dfrac{2}{3}x,\ v=y$ これらを①に代入して

$\left(\dfrac{2}{3}x\right)^2+y^2=6^2$ よって $\dfrac{\boldsymbol{x^2}}{\boldsymbol{81}}+\dfrac{\boldsymbol{y^2}}{\boldsymbol{36}}=\boldsymbol{1}$ …答

3　双曲線

9 ［双曲線の方程式］ テスト
2 定点 $F(4, 0)$, $F'(-4, 0)$ からの距離の差が 6 である双曲線の方程式を求めよ。

求める双曲線の方程式を $\dfrac{x^2}{a^2}-\dfrac{y^2}{b^2}=1$，焦点を点 $(c, 0)$, $(-c, 0)$ とすると $c=4$

$c=\sqrt{a^2+b^2}$ であり，距離の差は $2a$

したがって，$2a=6$ より $a=3$

$b^2=c^2-a^2=4^2-3^2=7$ これより，求める方程式は $\dfrac{\boldsymbol{x^2}}{\boldsymbol{9}}-\dfrac{\boldsymbol{y^2}}{\boldsymbol{7}}=\boldsymbol{1}$

10 [双曲線の概形(1)] 必修 テスト

双曲線 $\dfrac{x^2}{4} - y^2 = 1$ の焦点，漸近線を求めて，概形をかけ。

求める焦点を，$F(c, 0)$，$F'(-c, 0)$ とすると
$$c^2 = 4 + 1 = 5$$
よって，**焦点は** $F(\sqrt{5}, 0)$，$F'(-\sqrt{5}, 0)$ …答

漸近線は，$\dfrac{x^2}{2^2} - \dfrac{y^2}{1^2} = 0$ より　**直線 $y = \pm\dfrac{1}{2}x$** …答

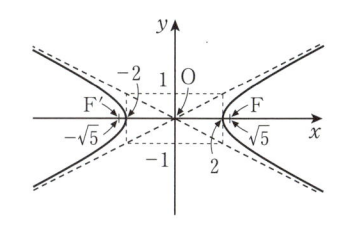

11 [双曲線の概形(2)]

双曲線 $\dfrac{x^2}{4} - \dfrac{y^2}{5} = -1$ の焦点，漸近線を求めて，概形をかけ。

求める焦点を，$F(0, c)$，$F'(0, -c)$ とすると
$$c^2 = 4 + 5 = 9$$
よって，**焦点は** $F(0, 3)$，$F'(0, -3)$ …答

漸近線は，$\dfrac{x^2}{2^2} - \dfrac{y^2}{(\sqrt{5})^2} = 0$ より　**直線 $y = \pm\dfrac{\sqrt{5}}{2}x$** …答

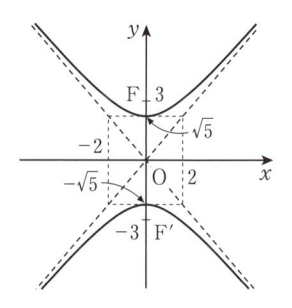

12 [双曲線の方程式]

焦点が $F(5, 0)$，$F'(-5, 0)$，2 頂点間の距離が 6 の双曲線の方程式を求めよ。

求める方程式を $\dfrac{x^2}{a^2} - \dfrac{y^2}{b^2} = 1$ とおくと，

2 頂点間の距離 $2a = 6$ より　$a = 3$

焦点の x 座標が ± 5 より，$5^2 = a^2 + b^2$ なので　$b^2 = 5^2 - 3^2 = 16$

したがって，求める双曲線の方程式は
$$\dfrac{x^2}{9} - \dfrac{y^2}{16} = 1 \quad \cdots 答$$

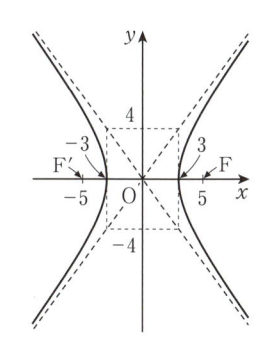

➡ 問題 p.10

13 [双曲線の性質の証明]

双曲線 $\dfrac{x^2}{a^2}-\dfrac{y^2}{b^2}=1$ 上の点 P を通り，y 軸に平行な直線が 2 つの漸近線と交わる点を Q, R とするとき，PQ・PR は一定であることを証明せよ。

P(x_1, y_1) とおくと　$\dfrac{x_1^2}{a^2}-\dfrac{y_1^2}{b^2}=1$ ……①

漸近線は　2 直線 $y=\pm\dfrac{b}{a}x$ ……②

点 P を通り，y 軸に平行な直線の方程式は　$x=x_1$ ……③

②，③より，Q, R の座標は　Q$\left(x_1, \dfrac{b}{a}x_1\right)$, R$\left(x_1, -\dfrac{b}{a}x_1\right)$

よって　PQ・PR $=\left|\dfrac{b}{a}x_1-y_1\right|\cdot\left|-\dfrac{b}{a}x_1-y_1\right|=\left|-\dfrac{b^2}{a^2}x_1^2+y_1^2\right|$

$=b^2\left|\dfrac{x_1^2}{a^2}-\dfrac{y_1^2}{b^2}\right|=b^2$ （**一定**）　終

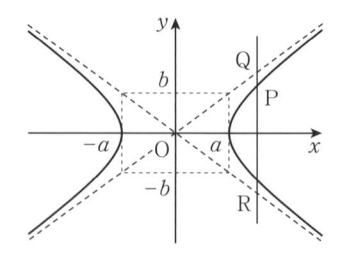

　①より1

4　図形の平行移動

14 [楕円の平行移動]

楕円 $\dfrac{(x-1)^2}{16}+\dfrac{(y+2)^2}{9}=1$ の焦点を求めよ。また概形をかけ。

与えられた楕円は，$\dfrac{x^2}{16}+\dfrac{y^2}{9}=1$ ……①を，

x 軸方向に 1，y 軸方向に -2 だけ平行移動したものである。

①の焦点は 2 点 $(\pm\sqrt{7},\ 0)$ だから，平行移動すると，

求める**焦点は　2 点 $(\pm\sqrt{7}+1,\ -2)$**　…答

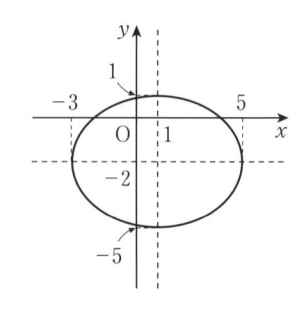

15 [双曲線の平行移動] テスト

双曲線 $9x^2-4y^2+18x+24y+9=0$ の焦点，漸近線を求めよ。また概形をかけ。

$9(x+1)^2-4(y-3)^2=-36$ より　$\dfrac{(x+1)^2}{4}-\dfrac{(y-3)^2}{9}=-1$ ……①

この曲線①は，双曲線 $\dfrac{x^2}{4}-\dfrac{y^2}{9}=-1$ ……②を，

x 軸方向に -1，y 軸方向に 3 だけ平行移動したものである。

②の焦点は　2 点 $(0,\ \pm\sqrt{13})$　　漸近線は　2 直線 $y=\pm\dfrac{3}{2}x$

したがって，①の**焦点は　2 点 $(-1,\ 3\pm\sqrt{13})$**　…答

漸近線は，$y-3=\pm\dfrac{3}{2}(x+1)$ より

2 直線 $y=\dfrac{3}{2}x+\dfrac{9}{2}$，$y=-\dfrac{3}{2}x+\dfrac{3}{2}$　…答

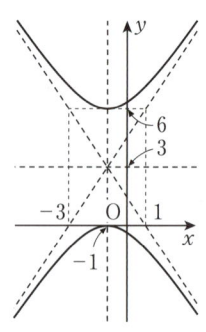

5　2次曲線と直線の位置関係

16 ［2次曲線と直線の共有点］
次の2次曲線と直線との共有点の座標を求めよ。

(1) $x^2+4y^2=16$ …①　　$x+y=2$ …②

②より，$y=2-x$ を①に代入すると
$x^2+4(2-x)^2=16$　　$5x^2-16x=0$　　$x(5x-16)=0$
ゆえに，$x=0, \dfrac{16}{5}$ より，共有点の座標は　$(0, 2), \left(\dfrac{16}{5}, -\dfrac{6}{5}\right)$ …答

(2) $y^2=4x$ …①　　$y=x+1$ …②

②を①に代入すると　$(x+1)^2=4x$　　$x^2-2x+1=0$
$(x-1)^2=0$　　よって　$x=1$
②に代入すると，共有点（接点）の座標は　$(1, 2)$ …答

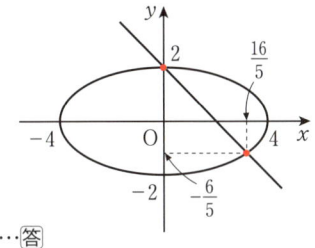

17 ［双曲線と直線が接する条件］　必修　テスト
双曲線 $\dfrac{x^2}{9}-\dfrac{y^2}{4}=1$ …① と直線 $y=x+k$ …② とが接するときの k の値と，その接線の方程式を求めよ。

②を①に代入して　$\dfrac{x^2}{9}-\dfrac{(x+k)^2}{4}=1$　　これを整理して　$5x^2+18kx+9(k^2+4)=0$

この，x についての2次方程式の判別式を D とすると　$\dfrac{D}{4}=(9k)^2-5\cdot 9(k^2+4)=0$

$4k^2-20=0$ より　$k=\pm\sqrt{5}$ …答　　接線の方程式は，$\begin{array}{l} k=\sqrt{5} \text{のとき}\ \ y=x+\sqrt{5} \\ k=-\sqrt{5} \text{のとき}\ \ y=x-\sqrt{5} \end{array}\Big\}$ …答

6　2次曲線の統一的な見方

18 ［2次曲線の軌跡］
定点 $F(1, 0)$ と定直線 $l: x=4$ がある。点 P から直線 l に垂線 PH を引くとき，
PF：PH＝1：2 を満たす点 P の軌跡を求めよ。

点 P の座標を (x, y) とすると，$H(4, y)$ であるから
$PF=\sqrt{(x-1)^2+y^2}$，$PH=|4-x|$
これを $2PF=PH$ に代入して　$2\sqrt{(x-1)^2+y^2}=|4-x|$
両辺を2乗して　$4(x^2-2x+1)+4y^2=16-8x+x^2$　　$3x^2+4y^2=12$
したがって，求める軌跡は　楕円 $\dfrac{x^2}{4}+\dfrac{y^2}{3}=1$ …答

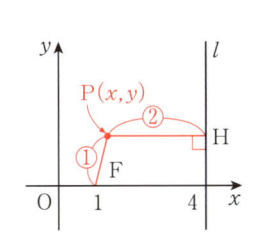

→ 問題 *p. 12*

7 曲線の媒介変数表示

19 ［円の媒介変数表示］
次の円の媒介変数表示を求めよ。

(1) $x^2+y^2=16$ (2) $x^2+y^2=5$

円 $x^2+y^2=r^2$ の媒介変数表示は $\begin{cases} x=r\cos\theta \\ y=r\sin\theta \end{cases}$ だから

$\begin{cases} x=4\cos\theta \\ y=4\sin\theta \end{cases}$ …答 $\begin{cases} x=\sqrt{5}\cos\theta \\ y=\sqrt{5}\sin\theta \end{cases}$ …答

20 ［楕円の媒介変数表示］
次の楕円の媒介変数表示を求めよ。

(1) $\dfrac{x^2}{16}+\dfrac{y^2}{9}=1$ (2) $\dfrac{x^2}{9}+\dfrac{y^2}{25}=1$

楕円 $\dfrac{x^2}{a^2}+\dfrac{y^2}{b^2}=1$ の媒介変数表示は $\begin{cases} x=a\cos\theta \\ y=b\sin\theta \end{cases}$ だから

$\begin{cases} x=4\cos\theta \\ y=3\sin\theta \end{cases}$ …答 $\begin{cases} x=3\cos\theta \\ y=5\sin\theta \end{cases}$ …答

21 ［媒介変数表示された図形］
次の媒介変数表示はどのような曲線を表すか。

(1) $\begin{cases} x=4\cos\theta+3 \\ y=3\sin\theta+1 \end{cases}$ (2) $\begin{cases} x=\dfrac{3}{\cos\theta} \\ y=2\tan\theta \end{cases}$

$\cos\theta=\dfrac{x-3}{4}$, $\sin\theta=\dfrac{y-1}{3}$ を

$\cos^2\theta+\sin^2\theta=1$ に代入して

$\left(\dfrac{x-3}{4}\right)^2+\left(\dfrac{y-1}{3}\right)^2=1$

$\dfrac{(x-3)^2}{16}+\dfrac{(y-1)^2}{9}=1$ だから,

楕円 $\dfrac{x^2}{16}+\dfrac{y^2}{9}=1$ を x 軸方向に 3,

y 軸方向に 1 だけ平行移動したもの。 …答

$\dfrac{1}{\cos\theta}=\dfrac{x}{3}$, $\tan\theta=\dfrac{y}{2}$ を

$1+\tan^2\theta=\dfrac{1}{\cos^2\theta}$ に代入する。

$1+\left(\dfrac{y}{2}\right)^2=\left(\dfrac{x}{3}\right)^2$ だから,

双曲線 $\dfrac{x^2}{9}-\dfrac{y^2}{4}=1$ を表す。 …答

22 ［インボリュート］
右の図のように原点 O を中心とする半径 a の円に巻きつけられた糸の端 P をひっぱりながらほどく。点 P は最初 A(a, 0) にあり, 糸と円との接点を Q とおき, OQ と x 軸のなす角を θ として, 点 P の描く軌跡を媒介変数 θ を用いて表せ。

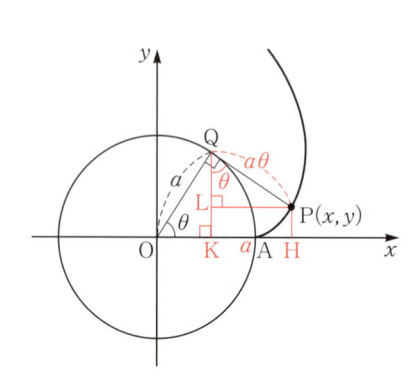

P，Q から x 軸にそれぞれ垂線 PH，QK を引く。また，P から QK に垂線 PL を引く。

$$QP = \overset{\frown}{AQ} = a\theta$$

$OQ \perp QP$ だから $\angle PQL = \theta$

ここで

$$x = OH = OK + LP = a\cos\theta + a\theta\sin\theta$$
$$y = HP = KQ - LQ = a\sin\theta - a\theta\cos\theta$$

したがって $\begin{cases} \boldsymbol{x = a\cos\theta + a\theta\sin\theta} \\ \boldsymbol{y = a\sin\theta - a\theta\cos\theta} \end{cases}$ …答

[参考] この軌跡をインボリュート（伸開線）という。

8　極座標と極方程式

23 ［極座標→直交座標］
極座標が次のような点の直交座標を求めよ。

(1) $\left(2, \dfrac{\pi}{6}\right)$

$x = 2\cos\dfrac{\pi}{6} = \sqrt{3}$，$y = 2\sin\dfrac{\pi}{6} = 1$ より　$(\boldsymbol{\sqrt{3}, 1})$ …答

(2) $(3, \pi)$

$x = 3\cos\pi = -3$，$y = 3\sin\pi = 0$ より　$(\boldsymbol{-3, 0})$ …答

(3) $\left(4, \dfrac{7}{4}\pi\right)$

$x = 4\cos\dfrac{7}{4}\pi = 2\sqrt{2}$，$y = 4\sin\dfrac{7}{4}\pi = -2\sqrt{2}$ より　$(\boldsymbol{2\sqrt{2}, -2\sqrt{2}})$ …答

24 ［直交座標→極座標］　必修
直交座標が次のような点の極座標 (r, θ) を求めよ。（ただし，$0 \leq \theta < 2\pi$）

(1) $(1, -\sqrt{3})$

$r = \sqrt{1^2 + (-\sqrt{3})^2} = 2$　　$\left(\boldsymbol{2, \dfrac{5}{3}\pi}\right)$ …答

(2) $(-\sqrt{2}, \sqrt{2})$

$r = \sqrt{(-\sqrt{2})^2 + (\sqrt{2})^2} = 2$　　$\left(\boldsymbol{2, \dfrac{3}{4}\pi}\right)$ …答

(3) $(0, 1)$

$r = \sqrt{0^2 + 1^2} = 1$　　$\left(\boldsymbol{1, \dfrac{\pi}{2}}\right)$ …答

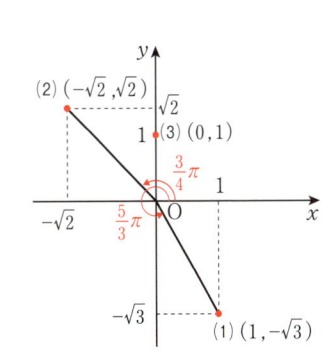

➡ 問題 *p. 14*

9 極方程式

25 ［直交座標の方程式→極方程式］ テスト
次の直交座標による方程式を，極方程式に直せ。

(1) $\sqrt{3}x+y-2=0$

$\sqrt{3}r\cos\theta+r\sin\theta=2$

$2r\left(\dfrac{\sqrt{3}}{2}\cos\theta+\dfrac{1}{2}\sin\theta\right)=2$ より $\boldsymbol{r\cos\left(\theta-\dfrac{\pi}{6}\right)=1}$ …答

(2) $\dfrac{x^2}{3}-y^2=1$

$\dfrac{r^2\cos^2\theta}{3}-r^2\sin^2\theta=1 \quad r^2(\cos^2\theta-3\sin^2\theta)=3$

$r^2\left(\dfrac{1+\cos 2\theta}{2}-3\cdot\dfrac{1-\cos 2\theta}{2}\right)=3 \quad \boldsymbol{r^2(2\cos 2\theta-1)=3}$ …答

(3) $x^2+y^2-2x-2\sqrt{3}y=0$

$r^2\cos^2\theta+r^2\sin^2\theta-2r\cos\theta-2\sqrt{3}r\sin\theta=0 \quad r^2-2r(\cos\theta+\sqrt{3}\sin\theta)=0$

$r\left\{r-4\left(\dfrac{1}{2}\cos\theta+\dfrac{\sqrt{3}}{2}\sin\theta\right)\right\}=0 \quad r=0,\ r=4\cos\left(\theta-\dfrac{\pi}{3}\right)$

$\theta=\dfrac{5}{6}\pi$ のとき $r=0$ だから，$r=4\cos\left(\theta-\dfrac{\pi}{3}\right)$ は $r=0$ を含む。 $\boldsymbol{r=4\cos\left(\theta-\dfrac{\pi}{3}\right)}$ …答

26 ［極方程式→直交座標の方程式］ テスト
次の極方程式を，直交座標による方程式に直せ。

(1) $r\cos\left(\theta+\dfrac{\pi}{3}\right)=1$

$r\left(\cos\theta\cos\dfrac{\pi}{3}-\sin\theta\sin\dfrac{\pi}{3}\right)=1$

$r\cos\theta\cdot\dfrac{1}{2}-r\sin\theta\cdot\dfrac{\sqrt{3}}{2}=1$ より $\boldsymbol{x-\sqrt{3}y=2}$ …答

(2) $r=4\sin\theta$

$r=4\sin\theta$ の両辺に r を掛けて $r^2=4r\sin\theta$

$r^2(\cos^2\theta+\sin^2\theta)=4r\sin\theta$ より $\boldsymbol{x^2+y^2-4y=0}$ …答

(3) $r=\sqrt{2}\cos\left(\theta+\dfrac{\pi}{4}\right)$

$r=\sqrt{2}\cos\left(\theta+\dfrac{\pi}{4}\right)$ の両辺に r を掛けて $r^2=\sqrt{2}r\left(\cos\theta\cos\dfrac{\pi}{4}-\sin\theta\sin\dfrac{\pi}{4}\right)$

$r^2(\cos^2\theta+\sin^2\theta)=\sqrt{2}r\left(\cos\theta\cdot\dfrac{\sqrt{2}}{2}-\sin\theta\cdot\dfrac{\sqrt{2}}{2}\right)$ より

$x^2+y^2=x-y \quad \boldsymbol{x^2+y^2-x+y=0}$ …答

27 [2次曲線と極方程式]

直交座標において,点 F(1, 0) と直線 $l: x=4$ がある。点 P から直線 l に垂線 PH を引くとき,PF:PH=1:2 を満たしながら動く点 P がある。F を極,x 軸の正の部分の半直線とのなす角 θ を偏角とする極座標を定めるとき,次の問いに答えよ。

(1) 点 P の軌跡を $r=f(\theta)$ の形の極方程式で表せ。(ただし,$0 \leq \theta < 2\pi$,$r>0$)

F を極とする極座標で考えるので　PF=r

P から x 軸に垂線 PH' を引くと　FH'=$r\cos\theta$

よって　PH=$(4-1)-r\cos\theta=3-r\cos\theta$

2PF=PH に代入して　$2r=3-r\cos\theta$

$(2+\cos\theta)r=3$ より　$r=\dfrac{3}{2+\cos\theta}$　…答

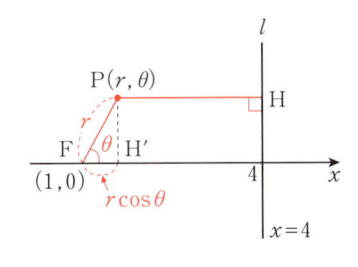

(別解)　(**18**に直交座標で表す同じ問題があるから,その結果を利用する。)

$\dfrac{x^2}{4}+\dfrac{y^2}{3}=1$ を極方程式に直す。

極が $(1, 0)$ だから　$x-1=r\cos\theta$,$y=r\sin\theta$

$\dfrac{(r\cos\theta+1)^2}{4}+\dfrac{(r\sin\theta)^2}{3}=1$ より　$3(r^2\cos^2\theta+2r\cos\theta+1)+4r^2\sin^2\theta=12$

$(3\cos^2\theta+4\sin^2\theta)r^2+6r\cos\theta-9=0$　　$(4-\cos^2\theta)r^2+6r\cos\theta-9=0$

$\{(2+\cos\theta)r-3\}\{(2-\cos\theta)r+3\}=0$ より　$r=\dfrac{3}{2+\cos\theta}$,$r=\dfrac{-3}{2-\cos\theta}$ ($r>0$ より不適)

よって　$r=\dfrac{3}{2+\cos\theta}$

(2) 点 F において垂直に交わる 2 直線が,(1)で求めた曲線によって切り取られる線分を AB,CD とするとき,$\dfrac{1}{AB}+\dfrac{1}{CD}$ の値を求めよ。

$A(r_1, \theta)$,$B(r_2, \theta+\pi)$,$C\left(r_3, \theta+\dfrac{\pi}{2}\right)$,$D\left(r_4, \theta+\dfrac{3}{2}\pi\right)$ と表される。

$AB=FA+FB=r_1+r_2=\dfrac{3}{2+\cos\theta}+\dfrac{3}{2+\cos(\pi+\theta)}$

$=\dfrac{3}{2+\cos\theta}+\dfrac{3}{2-\cos\theta}=\dfrac{12}{4-\cos^2\theta}$

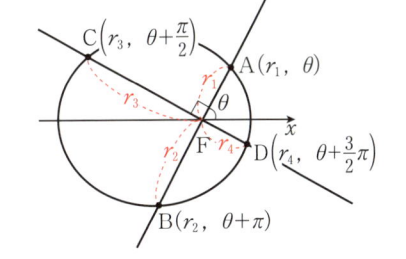

$CD=FC+FD=r_3+r_4=\dfrac{3}{2+\cos\left(\theta+\dfrac{\pi}{2}\right)}+\dfrac{3}{2+\cos\left(\theta+\dfrac{3}{2}\pi\right)}=\dfrac{3}{2-\sin\theta}+\dfrac{3}{2+\sin\theta}=\dfrac{12}{4-\sin^2\theta}$

よって　$\dfrac{1}{AB}+\dfrac{1}{CD}=\dfrac{4-\cos^2\theta}{12}+\dfrac{4-\sin^2\theta}{12}=\dfrac{8-1}{12}=\dfrac{\mathbf{7}}{\mathbf{12}}$　…答

➡ 問題 *p.16*

入試問題にチャレンジ

1 曲線 $2y^2+3x+4y+5=0$ について，焦点の座標と準線の方程式を求めよ。　　（山梨大・改）

$2y^2+3x+4y+5=0$ より，$2(y+1)^2+3x+3=0$ だから $(y+1)^2=-\dfrac{3}{2}(x+1)$ で，これは放物線 $y^2=-\dfrac{3}{2}x$ を平行移動したものである。ここで，$y^2=-\dfrac{3}{2}x$ は，$y^2=4\left(-\dfrac{3}{8}\right)x$ だから，焦点は点 $\left(-\dfrac{3}{8},\ 0\right)$，準線は直線 $x=\dfrac{3}{8}$ である。この焦点，準線を x 軸方向に -1，y 軸方向に -1 だけ平行移動すると，焦点は**点 $\left(-\dfrac{11}{8},\ -1\right)$**，準線は**直線 $x=-\dfrac{5}{8}$**　…答

2 曲線 $2x^2-y^2+8x+2y+11=0$ について，焦点の座標と漸近線の方程式を求めよ。（慶應大・改）

$2x^2-y^2+8x+2y+11=0$ より　$2(x+2)^2-(y-1)^2=-4$

$\dfrac{(x+2)^2}{2}-\dfrac{(y-1)^2}{4}=-1$ で，これは双曲線 $\dfrac{x^2}{2}-\dfrac{y^2}{4}=-1$ を平行移動したもの。

ここで，$\dfrac{x^2}{2}-\dfrac{y^2}{4}=-1$ の焦点は 2 点 $(0,\ \pm\sqrt{6})$，漸近線は 2 直線 $y=\pm\sqrt{2}x$ である。この焦点，漸近線を x 軸方向に -2，y 軸方向に 1 だけ平行移動すると，焦点は**点 $(-2,\ 1\pm\sqrt{6})$**　…答

$y-1=\pm\sqrt{2}(x+2)$ だから漸近線は

2 直線 $y=\sqrt{2}x+2\sqrt{2}+1$, $y=-\sqrt{2}x-2\sqrt{2}+1$　…答

3 xy 平面上の楕円 $4x^2+9y^2=36$ を C とする。　　（弘前大）

(1) 直線 $y=ax+b$ が楕円 C に接するための条件を a と b の式で表せ。

$y=ax+b$ を $4x^2+9y^2=36$ に代入して，$4x^2+9(ax+b)^2=36$ より，

$(4+9a^2)x^2+18abx+9(b^2-4)=0$ が重解をもてばよい。判別式を D とすると，

$\dfrac{D}{4}=(9ab)^2-9(4+9a^2)(b^2-4)=0$ だから　$9a^2b^2-(4+9a^2)(b^2-4)=0$

$9a^2b^2-4b^2+16-9a^2b^2+36a^2=0$ より　**$9a^2-b^2+4=0$**　…答

(2) 楕円 C の外部の点 P から C に引いた 2 本の接線が直交するような点 P の軌跡を求めよ。

点 P の座標を $(X,\ Y)$ とおく。

$X=\pm 3$ のとき，$Y=\pm 2$ なら，直交するような 2 本の接線が引ける。

$X\neq\pm 3$ のとき，点 P を通る傾き m の直線は $y-Y=m(x-X)$ だから　$y=mx-mX+Y$

(1)の結果より，接する条件は $9m^2-(-mX+Y)^2+4=0$ より　$(9-X^2)m^2+2XYm+4-Y^2=0$

この方程式の解を m_1，m_2 とすると，直交する条件は $m_1m_2=-1$ だから　$\dfrac{4-Y^2}{9-X^2}=-1$

よって，$X^2+Y^2=13$ で，点 $(\pm 3,\ \pm 2)$ はこの円周上にあるから，**原点中心，半径 $\sqrt{13}$ の円**…答

4 Oを原点とする座標平面上に曲線 C がある。C は媒介変数 t により，$x=\dfrac{1}{\cos t}$，$y=\sqrt{3}\tan t$ で表されるとする。ただし，$\cos t \neq 0$ とする。

(法政大・改)

(1) C の方程式は ［ア］ である。

$\dfrac{1}{\cos t}=x$，$\tan t=\dfrac{y}{\sqrt{3}}$ を $1+\tan^2 t=\dfrac{1}{\cos^2 t}$ に代入すると，$1+\dfrac{y^2}{3}=x^2$ であるから，曲線 C の方程式は　$\boxed{x^2-\dfrac{y^2}{3}=1}^{\text{ア}}$ …答

(2) C の，傾きが正である漸近線 l の方程式は $y=$ ［イ］ である。

漸近線の方程式は $y=\pm\sqrt{\dfrac{3}{1}}x$ より，$y=\pm\sqrt{3}x$ で，傾きが正より　$y=\boxed{\sqrt{3}x}^{\text{イ}}$ …答

(3) C 上の点 $\mathrm{P}\left(\dfrac{1}{\cos t},\ \sqrt{3}\tan t\right)$ と l の距離を d とおくと $d^2=$ ［ウ］ である。

$\mathrm{P}\left(\dfrac{1}{\cos t},\ \sqrt{3}\tan t\right)$ と $l:\sqrt{3}x-y=0$ の距離 d は，

$d=\dfrac{\left|\dfrac{\sqrt{3}}{\cos t}-\sqrt{3}\tan t\right|}{\sqrt{(\sqrt{3})^2+(-1)^2}}=\dfrac{\sqrt{3}}{2}\left|\dfrac{1-\sin t}{\cos t}\right|$ より

$d^2=\dfrac{3}{4}\left(\dfrac{1-\sin t}{\cos t}\right)^2=\dfrac{3}{4}\cdot\dfrac{(1-\sin t)^2}{1-\sin^2 t}=\boxed{\dfrac{3(1-\sin t)}{4(1+\sin t)}}^{\text{ウ}}$ …答

5 平面上の曲線 C が極方程式 $r=\dfrac{4}{3-\sqrt{5}\cos\theta}$ で表されている。

(日本大)

(1) C は直交座標で ［ア］ と表された楕円を x 軸方向に ［イ］ だけ平行移動したものである。

$3r-\sqrt{5}r\cos\theta=4$ より，$3\sqrt{x^2+y^2}=\sqrt{5}x+4$ の両辺を2乗して整理する。

$9(x^2+y^2)=5x^2+8\sqrt{5}x+16$ より　$4(x^2-2\sqrt{5}x)+9y^2=16$

$4(x-\sqrt{5})^2+9y^2=36$ だから　$\dfrac{(x-\sqrt{5})^2}{9}+\dfrac{y^2}{4}=1$

よって，$\boxed{\dfrac{x^2}{9}+\dfrac{y^2}{4}=1}^{\text{ア}}$ を x 軸方向に $\boxed{\sqrt{5}}^{\text{イ}}$ だけ平行移動したもの。…答

(2) 直交座標で $y=\dfrac{1}{3}x$ と表される直線と C の第1象限内の交点を P とすると，OP の長さは ［ウ］ である。

$\tan\alpha=\dfrac{1}{3}$ $\left(0<\alpha<\dfrac{\pi}{2}\right)$ とおくと　$\cos\alpha=\dfrac{3}{\sqrt{10}}$　点 P の極座標は $(r,\ \alpha)$ であるから

$\mathrm{OP}=r=\dfrac{4}{3-\sqrt{5}\cos\alpha}=\dfrac{4}{3-\sqrt{5}\cdot\dfrac{3}{\sqrt{10}}}=\dfrac{4\sqrt{2}}{3\sqrt{2}-3}=\dfrac{4\sqrt{2}(\sqrt{2}+1)}{3(\sqrt{2}-1)(\sqrt{2}+1)}$

$=\boxed{\dfrac{8+4\sqrt{2}}{3}}^{\text{ウ}}$ …答

→ 問題 p. 20

1 複素数平面

28 ［複素数平面］
複素数平面上に，次の複素数を表す点を図示せよ。

(1) $A(2+i)$
(2) $B(2-3i)$
(3) $C(-3+i)$
(4) $D(-2i)$

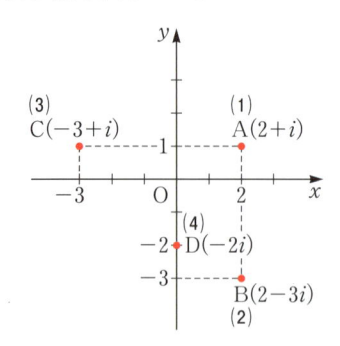

29 ［共役複素数・複素数の絶対値］
複素数 z の共役複素数を $\overline{z}$，z の絶対値を $|z|$ で表す。
$z_1 = a+bi$，$z_2 = c+di$ とするとき，次の式が成り立つことを示せ。

(1) $\overline{z_1 z_2} = \overline{z_1} \cdot \overline{z_2}$

$z_1 z_2 = (a+bi)(c+di) = (ac-bd)+(ad+bc)i$

よって $\overline{z_1 z_2} = (ac-bd)-(ad+bc)i$

一方 $\overline{z_1} \cdot \overline{z_2} = (a-bi)(c-di) = ac-adi-bci+bdi^2 = (ac-bd)-(ad+bc)i$

したがって $\overline{z_1 z_2} = \overline{z_1} \cdot \overline{z_2}$ 　終

(2) $|z_1 z_2| = |z_1| \cdot |z_2|$

$z_1 z_2 = (ac-bd)+(ad+bc)i$ だから

$|z_1 z_2| = \sqrt{(ac-bd)^2 + (ad+bc)^2} = \sqrt{a^2 c^2 + b^2 d^2 + a^2 d^2 + b^2 c^2}$

$|z_1| \cdot |z_2| = \sqrt{a^2+b^2} \cdot \sqrt{c^2+d^2} = \sqrt{a^2 c^2 + a^2 d^2 + b^2 c^2 + b^2 d^2}$

よって $|z_1 z_2| = |z_1| \cdot |z_2|$ 　終

2 複素数の和・差と複素数平面

30 ［複素数の和・差の作図］
$z_1 = 3+i$，$z_2 = 1+2i$ のとき，次の複素数で表される点を複素数平面上に図示せよ。

(1) $z_1 + 2z_2$ 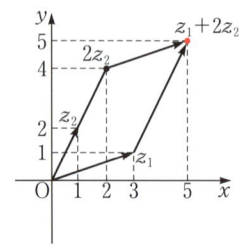
(2) $z_1 - z_2$ 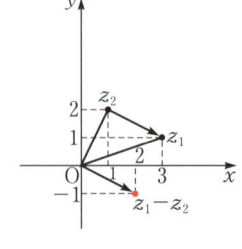
(3) $-z_1 - z_2$ 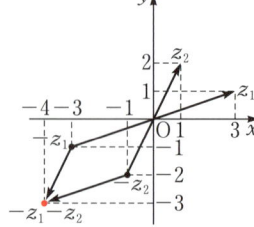
(4) $z_2 - \overline{z_1}$

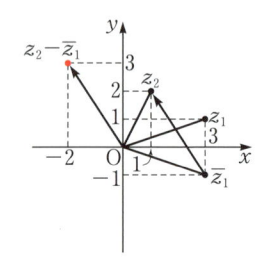

3 複素数の極形式

31 [複素数の極形式]
次の複素数を極形式で表せ。ただし，偏角 θ は，$0 \leq \theta < 2\pi$ とする。

(1) $-1+i$

$|-1+i| = \sqrt{(-1)^2 + 1^2} = \sqrt{2}$

$-1+i = \sqrt{2}\left(-\dfrac{1}{\sqrt{2}} + \dfrac{1}{\sqrt{2}}i\right)$

$\qquad = \sqrt{2}\left(\cos\dfrac{3}{4}\pi + i\sin\dfrac{3}{4}\pi\right)$ …答

(2) $1 - \sqrt{3}i$

$|1-\sqrt{3}i| = \sqrt{1^2 + (-\sqrt{3})^2} = 2$

$1-\sqrt{3}i = 2\left(\dfrac{1}{2} - \dfrac{\sqrt{3}}{2}i\right)$

$\qquad = 2\left(\cos\dfrac{5}{3}\pi + i\sin\dfrac{5}{3}\pi\right)$ …答

(3) -1

$|-1| = 1$

$-1 = 1(-1 + 0i)$

$\qquad = \cos\pi + i\sin\pi$ …答

(4) $2\left(\cos\dfrac{5}{6}\pi - i\sin\dfrac{5}{6}\pi\right)$

$\qquad = 2\left(-\dfrac{\sqrt{3}}{2} - \dfrac{1}{2}i\right)$

$\qquad = 2\left(\cos\dfrac{7}{6}\pi + i\sin\dfrac{7}{6}\pi\right)$ …答

32 [複素数の乗法と回転]
複素数 $z = 3+4i$ を表す点を原点のまわりに $\dfrac{\pi}{2}$ および $\dfrac{\pi}{4}$ 回転した点を表す複素数を求めよ。

$\dfrac{\pi}{2}$ 回転

$\cos\dfrac{\pi}{2} + i\sin\dfrac{\pi}{2} = i$ だから

$(3+4i)i = 3i + 4i^2 = \boldsymbol{-4 + 3i}$ …答

$\dfrac{\pi}{4}$ 回転

$\cos\dfrac{\pi}{4} + i\sin\dfrac{\pi}{4} = \dfrac{\sqrt{2}}{2}(1+i)$ だから

$(3+4i)\cdot\dfrac{\sqrt{2}}{2}(1+i) = \dfrac{\sqrt{2}}{2}(3 + 3i + 4i + 4i^2)$

$\qquad = \dfrac{\sqrt{2}}{2}(-1 + 7i) = \boldsymbol{-\dfrac{\sqrt{2}}{2} + \dfrac{7\sqrt{2}}{2}i}$ …答

33 [複素数の除法と回転]
原点 O，A$(3-i)$，B$(4+2i)$ がある。このとき，△OAB はどのような三角形か。

$z_1 = 3-i$，$z_2 = 4+2i$ とすると

$\dfrac{z_2}{z_1} = \dfrac{4+2i}{3-i} = \dfrac{(4+2i)(3+i)}{(3-i)(3+i)} = \dfrac{12+4i+6i+2i^2}{9-i^2} = \dfrac{10+10i}{10}$

$\qquad = 1+i = \sqrt{2}\left(\cos\dfrac{\pi}{4} + i\sin\dfrac{\pi}{4}\right)$

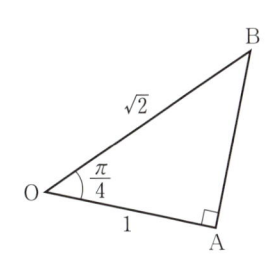

よって $\dfrac{\text{OB}}{\text{OA}} = \dfrac{|z_2|}{|z_1|} = \sqrt{2}$ $\quad \angle\text{AOB} = \arg\dfrac{z_2}{z_1} = \dfrac{\pi}{4}$

したがって，△OAB は図より，**OA＝AB の直角二等辺三角形** …答

➡ 問題 p. 22

4　ド・モアブルの定理

34 ［複素数の n 乗の値］
次の複素数の値を求めよ。

(1) $(1+\sqrt{3}i)^6$

$|1+\sqrt{3}i|=\sqrt{1^2+(\sqrt{3})^2}=2$

$1+\sqrt{3}i=2\left(\dfrac{1}{2}+\dfrac{\sqrt{3}}{2}i\right)$

　　　　$=2\left(\cos\dfrac{\pi}{3}+i\sin\dfrac{\pi}{3}\right)$ より

$(1+\sqrt{3}i)^6=2^6\left(\cos\dfrac{\pi}{3}+i\sin\dfrac{\pi}{3}\right)^6$

　　　　　$=64\left(\cos\dfrac{6\pi}{3}+i\sin\dfrac{6\pi}{3}\right)$

　　　　　$=64(1+0\cdot i)=\boldsymbol{64}$　…答

(2) $(1+i)^5$

$|1+i|=\sqrt{1^2+1^2}=\sqrt{2}$

$1+i=\sqrt{2}\left(\dfrac{1}{\sqrt{2}}+\dfrac{1}{\sqrt{2}}i\right)$

　　　$=\sqrt{2}\left(\cos\dfrac{\pi}{4}+i\sin\dfrac{\pi}{4}\right)$ より

$(1+i)^5=(\sqrt{2})^5\left(\cos\dfrac{\pi}{4}+i\sin\dfrac{\pi}{4}\right)^5$

　　　　$=4\sqrt{2}\left(\cos\dfrac{5}{4}\pi+i\sin\dfrac{5}{4}\pi\right)$

　　　　$=4\sqrt{2}\left(-\dfrac{1}{\sqrt{2}}-\dfrac{1}{\sqrt{2}}i\right)=\boldsymbol{-4-4i}$　…答

35 ［1 の n 乗根］
次の方程式を解け。

(1) $z^3=8$

$z=r(\cos\theta+i\sin\theta)$ とおく。

$z^3=r^3(\cos\theta+i\sin\theta)^3$

よって　$r^3(\cos 3\theta+i\sin 3\theta)=8$

両辺を比較して

・絶対値は　$r^3=8$

　$r>0$ より　$r=2$

・偏角は　$3\theta=2k\pi$

　$\theta=\dfrac{2}{3}k\pi$ で $0\leqq\theta<2\pi$ より

　　　$k=0,\ 1,\ 2$

よって　$z_0=2(\cos 0+i\sin 0)=2$

　　　$z_1=2\left(\cos\dfrac{2}{3}\pi+i\sin\dfrac{2}{3}\pi\right)$

　　　　$=2\left(-\dfrac{1}{2}+\dfrac{\sqrt{3}}{2}i\right)$

　　　　$=-1+\sqrt{3}i$

　　　$z_2=2\left(\cos\dfrac{4}{3}\pi+i\sin\dfrac{4}{3}\pi\right)$

　　　　$=2\left(-\dfrac{1}{2}-\dfrac{\sqrt{3}}{2}i\right)=-1-\sqrt{3}i$

したがって　$\boldsymbol{2,\ -1+\sqrt{3}i,\ -1-\sqrt{3}i}$　…答

(2) $z^6=1$

$z=r(\cos\theta+i\sin\theta)$ とおく。

$z^6=r^6(\cos 6\theta+i\sin 6\theta)=1$ より

・絶対値は　$r^6=1$　　$r>0$ より　$r=1$

・偏角は　$6\theta=2k\pi$

よって　$\theta=\dfrac{k\pi}{3}$　$(k=0,\ 1,\ 2,\ 3,\ 4,\ 5)$

$z_0=\cos 0+i\sin 0=1$

$z_1=\cos\dfrac{\pi}{3}+i\sin\dfrac{\pi}{3}=\dfrac{1}{2}+\dfrac{\sqrt{3}}{2}i$

$z_2=\cos\dfrac{2}{3}\pi+i\sin\dfrac{2}{3}\pi=-\dfrac{1}{2}+\dfrac{\sqrt{3}}{2}i$

$z_3=\cos\pi+i\sin\pi=-1$

$z_4=\cos\dfrac{4}{3}\pi+i\sin\dfrac{4}{3}\pi=-\dfrac{1}{2}-\dfrac{\sqrt{3}}{2}i$

$z_5=\cos\dfrac{5}{3}\pi+i\sin\dfrac{5}{3}\pi=\dfrac{1}{2}-\dfrac{\sqrt{3}}{2}i$

したがって

　$\boldsymbol{1,\ \dfrac{1}{2}+\dfrac{\sqrt{3}}{2}i,\ -\dfrac{1}{2}+\dfrac{\sqrt{3}}{2}i}$

　$\boldsymbol{-1,\ -\dfrac{1}{2}-\dfrac{\sqrt{3}}{2}i,\ \dfrac{1}{2}-\dfrac{\sqrt{3}}{2}i}$　…答

[参考]

(1)の解は，原点中心，半径 2 の円に内接する正三角形の頂点を表す複素数

(2)の解は，原点中心，半径 1 の円に内接する正六角形の頂点を表す複素数

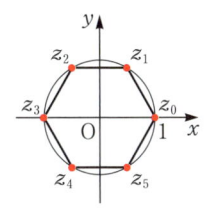

5　図形と複素数

36 ［2点間の距離］
次の2点間の距離を求めよ。

(1) $A(3+2i)$, $B(5-i)$

$AB = |(5-i)-(3+2i)|$
$= |2-3i|$
$= \sqrt{2^2+(-3)^2} = \sqrt{13}$ …答

(2) $C(-1-2i)$, $D(3+5i)$

$CD = |(3+5i)-(-1-2i)|$
$= |4+7i|$
$= \sqrt{4^2+7^2} = \sqrt{65}$ …答

37 ［線分の内分点・外分点］
2点 $A(-2+5i)$, $B(4-i)$ がある。線分 AB を $2:1$ の比に内分する点 P と外分する点 Q を表す複素数を求めよ。

内分点 P を表す複素数は

$$\frac{(-2+5i)+2(4-i)}{2+1} = \frac{6+3i}{3} = 2+i \quad \cdots\text{答}$$

外分点 Q を表す複素数は

$$\frac{-(-2+5i)+2(4-i)}{2-1} = 10-7i \quad \cdots\text{答}$$

38 ［三角形の重心］
3点 $A(4+5i)$, $B(-1-i)$, $C(6-i)$ を頂点とする三角形 ABC の重心を表す複素数を求めよ。

$$\frac{(4+5i)+(-1-i)+(6-i)}{3} = \frac{9+3i}{3} = 3+i \quad \cdots\text{答}$$

→ 問題 *p. 24*

39 ［絶対値記号を含む方程式の表す図形］
次の方程式は，複素数平面上でどのような図形を表すか。

(1) $|z-1-2i|=|z+2-i|$

z は2点 $1+2i$, $-2+i$ からの距離が等しい点だから

2点 $1+2i$, $-2+i$ を結ぶ線分の垂直二等分線 …答

(2) $|3z-2+3i|=6$

両辺を3で割って $\left|z-\dfrac{2-3i}{3}\right|=2$ より，点 z は点 $\dfrac{2-3i}{3}$ からの距離が2となる点だから

点 $\dfrac{2-3i}{3}$ を中心とする半径2の円 …答

40 ［方程式の表す図形（条件式がある場合）］
点 z が原点 O を中心とする半径1の円を描くとき，次の式で表される点 w はどのような図形を描くか。

(1) $w=(1+\sqrt{3}i)z-i$

$z=\dfrac{w+i}{1+\sqrt{3}i}$

$|z|=1$ だから

$\dfrac{|w+i|}{|1+\sqrt{3}i|}=1$ より

$|w+i|=2$

点 w は**点 $-i$ を中心とする半径2の円**を表す。 …答

(2) $w=\dfrac{1-iz}{1-z}$

$w-wz=1-iz$

$(w-i)z=w-1$

$z=\dfrac{w-1}{w-i}$

$|z|=1$ だから

$\dfrac{|w-1|}{|w-i|}=1$

よって，$|w-1|=|w-i|$ だから

2点 1, i を結ぶ線分の垂直二等分線 …答

41 ［三角形の形状］
A(z_0), B(z_1), C(z_2) の間に次の関係式が成り立つとき，△ABC はどのような三角形か。

(1) $\dfrac{z_2-z_0}{z_1-z_0}=\dfrac{1}{2}+\dfrac{\sqrt{3}}{2}i$

$\dfrac{z_2-z_0}{z_1-z_0}=\cos\dfrac{\pi}{3}+i\sin\dfrac{\pi}{3}$ より

$\dfrac{\text{AC}}{\text{AB}}=\dfrac{|z_2-z_0|}{|z_1-z_0|}=1$

$\angle\text{BAC}=\arg\left(\dfrac{z_2-z_0}{z_1-z_0}\right)=\dfrac{\pi}{3}$ だから

△ABC は**正三角形** …答

(2) $\dfrac{z_2-z_0}{z_1-z_0}=\sqrt{3}i$

$\dfrac{z_2-z_0}{z_1-z_0}=\sqrt{3}\left(\cos\dfrac{\pi}{2}+i\sin\dfrac{\pi}{2}\right)$ より

$\dfrac{\text{AC}}{\text{AB}}=\dfrac{|z_2-z_0|}{|z_1-z_0|}=\sqrt{3}$

$\angle\text{BAC}=\arg\left(\dfrac{z_2-z_0}{z_1-z_0}\right)=\dfrac{\pi}{2}$

△ABC は **$\angle\text{BAC}=\dfrac{\pi}{2}$,**

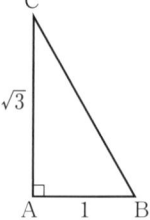

AC：CB＝$\sqrt{3}$：1 の直角三角形 …答

$\left(\text{正三角形の}\dfrac{1}{2}\right)$

入試問題にチャレンジ

6 $w = \sqrt{3} + i$ とおく。次の問いに答えよ。 (高知大)

(1) w を極形式で表せ。

$$w = \sqrt{3} + i = 2\left(\frac{\sqrt{3}}{2} + \frac{1}{2}i\right) = 2\left(\cos\frac{\pi}{6} + i\sin\frac{\pi}{6}\right) \quad \cdots\text{答}$$

(2) w^6 の値を求めよ。

$$w^6 = 2^6\left(\cos\frac{\pi}{6} + i\sin\frac{\pi}{6}\right)^6 = 64(\cos\pi + i\sin\pi) = -64 \quad \cdots\text{答}$$

(3) O を原点とする複素数平面上で,3 点 0, w, $\dfrac{1}{w}$ が作る三角形の面積 S を求めよ。

$$\frac{1}{w} = w^{-1} = 2^{-1}\left\{\cos\left(-\frac{\pi}{6}\right) + i\sin\left(-\frac{\pi}{6}\right)\right\}$$

3 点 $O(0)$, $A(w)$, $B\left(\dfrac{1}{w}\right)$ とすると,△AOB は $OA = 2$, $OB = \dfrac{1}{2}$,

$\angle AOB = \dfrac{\pi}{3}$ の三角形だから

$$S = \frac{1}{2} \cdot 2 \cdot \frac{1}{2}\sin\frac{\pi}{3} = \frac{\sqrt{3}}{4} \quad \cdots\text{答}$$

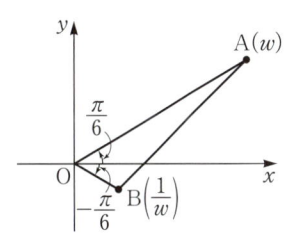

(4) 複素数 z が $|iz + 1 - \sqrt{3}i| \leqq 2$ を満たすとする。このとき,

(i) 複素数平面上で点 z が存在する領域を図示せよ。

$|iz + 1 - \sqrt{3}i| = |i||z - (\sqrt{3} + i)| = |z - (\sqrt{3} + i)|$ だから

$|z - (\sqrt{3} + i)| \leqq 2$

これは,中心が点 $A(w)$ で半径が 2 の円の周および内部を表す。

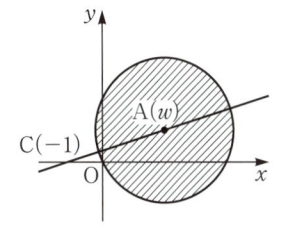

(ii) $l = |z + 1|$ とおくとき,l の最大値と最小値を求めよ。

$|z + 1|$ は点 $C(-1)$ から点 z までの距離を表すから,最大,最小を与えるのはともに直線 AC と円との交点である。

$$AC = |w + 1| = |(\sqrt{3} + 1) + i| = \sqrt{(\sqrt{3} + 1)^2 + 1^2} = \sqrt{5 + 2\sqrt{3}}$$

答 $\begin{cases} \text{最大値は } \sqrt{5 + 2\sqrt{3}} + 2 \\ \text{最小値は } \sqrt{5 + 2\sqrt{3}} - 2 \end{cases}$

(参考) $|z + 1| = l$ は点 $C(-1)$ を中心とする半径 l の円を表すから,(i) の円と内接するとき半径が最大で,外接するとき最小となる。

2 章 複素数平面

➡ 問題 p. 26

7 $z^8 = -8(1+\sqrt{3}i)$ を満たす複素数 z のうち，偏角 θ が小さい方から順に $z_0, z_1, \cdots, z_7$ としたとき，z_5 の偏角は ア であり，z_5 の値は イ である。 (明治大)

$z = r(\cos\theta + i\sin\theta)$ とおくと $z^8 = r^8(\cos 8\theta + i\sin 8\theta)$ …①

一方 $-8(1+\sqrt{3}i) = 16\left(-\dfrac{1}{2} - \dfrac{\sqrt{3}}{2}i\right) = 16\left(\cos\dfrac{4}{3}\pi + i\sin\dfrac{4}{3}\pi\right)$ …②

① = ② より，$r^8 = 16$ であり，$r > 0$ より $r = \sqrt{2}$

$8\theta = \dfrac{4}{3}\pi + 2k\pi$ より $\theta = \dfrac{\pi}{6} + \dfrac{k}{4}\pi$

この方程式の解は $z_k = \sqrt{2}\left\{\cos\left(\dfrac{\pi}{6} + \dfrac{k}{4}\pi\right) + i\sin\left(\dfrac{\pi}{6} + \dfrac{k}{4}\pi\right)\right\}$ $(k = 0, 1, 2, \cdots, 7)$

$z_5 = \sqrt{2}\left\{\cos\left(\dfrac{\pi}{6} + \dfrac{5}{4}\pi\right) + i\sin\left(\dfrac{\pi}{6} + \dfrac{5}{4}\pi\right)\right\}$ より，偏角は $\dfrac{17}{12}\pi$ ア …答

$z_5 = \sqrt{2}\left(\cos\dfrac{\pi}{6} + i\sin\dfrac{\pi}{6}\right)\left(\cos\dfrac{5}{4}\pi + i\sin\dfrac{5}{4}\pi\right)$

$= \sqrt{2}\left(\dfrac{\sqrt{3}}{2} + \dfrac{1}{2}i\right)\left(-\dfrac{1}{\sqrt{2}} - \dfrac{1}{\sqrt{2}}i\right)$

$= \dfrac{1-\sqrt{3}}{2} - \dfrac{1+\sqrt{3}}{2}i$ イ …答

8 複素数平面上において，次の各々はどのような図形を表すか。 (鹿児島大)

(1) 複素数 z が $|z| = 1$ および $z \neq 1$ を満たすとき，$w = \dfrac{1}{1-z}$ が表す点の全体

$w = \dfrac{1}{1-z}$ より，$w - wz = 1$ となり $z = \dfrac{w-1}{w}$

$|z| = 1$ に代入して，$\left|\dfrac{w-1}{w}\right| = 1$ より $|w-1| = |w|$

点 w は点 0 と点 1 から等距離にあるから，点 w が表す図形は，**原点と点 1 を結ぶ線分の垂直二等分線** …答

(2) 複素数 z が $|z| = 1$ を満たすとき，$w = \dfrac{1}{\sqrt{3}-z}$ が表す点の全体

$w = \dfrac{1}{\sqrt{3}-z}$ より，$\sqrt{3}w - wz = 1$ となり $z = \dfrac{\sqrt{3}w-1}{w}$

$|z| = 1$ に代入して，$\left|\dfrac{\sqrt{3}w-1}{w}\right| = 1$ より $|\sqrt{3}w-1| = |w|$ …①

①の両辺を 2 乗して $|\sqrt{3}w-1|^2 = |w|^2$ $(\sqrt{3}w-1)(\sqrt{3}\overline{w}-1) = w\overline{w}$

$2w\overline{w} - \sqrt{3}w - \sqrt{3}\overline{w} + 1 = 0$ $w\overline{w} - \dfrac{\sqrt{3}}{2}w - \dfrac{\sqrt{3}}{2}\overline{w} = -\dfrac{1}{2}$

$\left(w - \dfrac{\sqrt{3}}{2}\right)\left(\overline{w} - \dfrac{\sqrt{3}}{2}\right) = \dfrac{1}{4}$ より，$\left|w - \dfrac{\sqrt{3}}{2}\right|^2 = \dfrac{1}{4}$ だから $\left|w - \dfrac{\sqrt{3}}{2}\right| = \dfrac{1}{2}$

したがって，**点 $\dfrac{\sqrt{3}}{2}$ を中心とする半径 $\dfrac{1}{2}$ の円** …答

9 次の問いに答えよ。 (センター試験)

(1) 相異なる2つの複素数 a, b に対して，$\arg\dfrac{z-a}{z-b}=\pm\dfrac{\pi}{2}$ を満たす z は，複素数平面上のある円の周上にある。この円は a, b を用いて，$\left|z-\boxed{\text{ア}}\right|=\boxed{\text{イ}}$ で表される。

$Z(z)$, $A(a)$, $B(b)$ とおくと，$\arg\dfrac{z-a}{z-b}=\arg\dfrac{a-z}{b-z}=\angle BZA$ だから $\angle BZA=\pm\dfrac{\pi}{2}$

よって，z は AB を直径の両端とする円周上にある。

中心 $\dfrac{a+b}{2}$，半径 $\dfrac{|a-b|}{2}$ だから

$\left|z-\dfrac{a+b}{2}\right|\overset{\text{ア}}{=}\dfrac{|a-b|}{2}\overset{\text{イ}}{}$ …答

(2) 以下，複素数の偏角は 0 以上 2π 未満とする。

2次方程式 $x^2-2x+4=0$ の2つの解を α, β とする。ただし，α の虚部は正とする。このとき，$\arg\alpha=\boxed{\text{ウ}}$，$\arg\beta=\boxed{\text{エ}}$，$\alpha^2+\beta^2=\boxed{\text{オ}}$，$\alpha^2-\beta^2=\boxed{\text{カ}}$ である。

したがって，$\arg\dfrac{z-\alpha^2}{z-\beta^2}=\dfrac{\pi}{2}$ を満たす z が描く図形は $|z+\boxed{\text{キ}}|=\boxed{\text{ク}}$ で表される円のうち $\boxed{\text{ケ}}<\arg z<\boxed{\text{コ}}$ を満たす部分である。

$x^2-2x+4=0$ の解は $x=1\pm\sqrt{3}i$

α の虚部が正だから $\alpha=1+\sqrt{3}i=2\left(\cos\dfrac{\pi}{3}+i\sin\dfrac{\pi}{3}\right)$

一方 $\beta=1-\sqrt{3}i=2\left(\cos\dfrac{5}{3}\pi+i\sin\dfrac{5}{3}\pi\right)$

このことから $\arg\alpha=\dfrac{\pi}{3}\overset{\text{ウ}}{}$，$\arg\beta=\dfrac{5}{3}\pi\overset{\text{エ}}{}$ …答

また $\alpha^2+\beta^2=(\alpha+\beta)^2-2\alpha\beta=2^2-2\cdot 4=-4\overset{\text{オ}}{}$ …① …答

$\alpha^2-\beta^2=(\alpha+\beta)(\alpha-\beta)=2\cdot 2\sqrt{3}i=4\sqrt{3}i\overset{\text{カ}}{}$ …② …答

①+② より $\alpha^2=-2+2\sqrt{3}i$ ①−② より $\beta^2=-2-2\sqrt{3}i$

よって，$\arg\dfrac{z-\alpha^2}{z-\beta^2}=\dfrac{\pi}{2}$ のとき，(1)の結果より，点 z の描く図形は円で

中心 $\dfrac{\alpha^2+\beta^2}{2}=-2$，半径 $\dfrac{|\alpha^2-\beta^2|}{2}=2\sqrt{3}$

点 z は円 $|z+2|\overset{\text{キ}}{=}2\sqrt{3}\overset{\text{ク}}{}$ を描く。 …答

また $\arg\alpha^2=\dfrac{2}{3}\pi$，$\arg\beta^2=\dfrac{4}{3}\pi$

したがって，右の図より $\dfrac{2}{3}\pi\overset{\text{ケ}}{<}\arg z<\dfrac{4}{3}\pi\overset{\text{コ}}{}$ …答

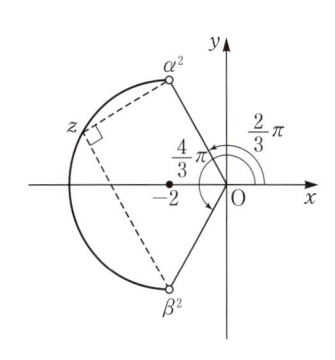

1 分数関数のグラフ

42 ［分数関数のグラフ］

関数 $y=\dfrac{-2x+1}{2x-4}$ のグラフをかけ。

割り算をして帯分数の形に直すと $y=\dfrac{-3}{2x-4}-1=\dfrac{-\dfrac{3}{2}}{x-2}-1$

よって，$y=\dfrac{-\dfrac{3}{2}}{x}$ のグラフを，x 軸方向に 2，y 軸方向に -1

だけ平行移動したグラフである。

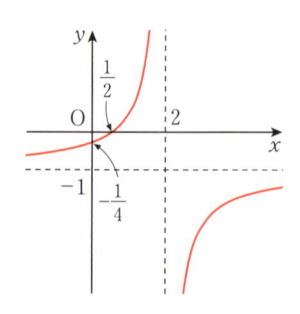

43 ［分数関数のグラフと定義域・値域］ 必修

関数 $y=\dfrac{3x-1}{x-1}$ …① について，次の問いに答えよ。

(1) 関数①のグラフをかけ。また漸近線を求めよ。

$$y=\dfrac{3x-1}{x-1}=\dfrac{2}{x-1}+3$$

漸近線は　2直線 $x=1$，$y=3$ …答

(2) 定義域を $x\leqq 0$，$2\leqq x$ とするとき，関数①の値域を求めよ。

$x=0$ のとき　$y=\dfrac{2}{0-1}+3=1$，$x=2$ のとき　$y=\dfrac{2}{2-1}+3=5$

この結果とグラフから

　$1\leqq y<3$，$3<y\leqq 5$ …答

(3) 関数①の値域が $y\geqq 2$（$y\neq 3$）となるとき，定義域を求めよ。

$\dfrac{3x-1}{x-1}=2$ を満たす x の値は，$3x-1=2(x-1)$ を解いて　$x=-1$

グラフから　$x\leqq -1$，$1<x$ …答

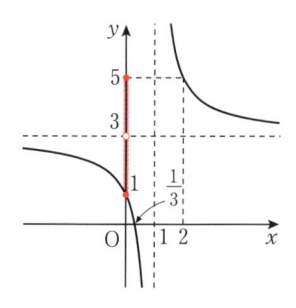

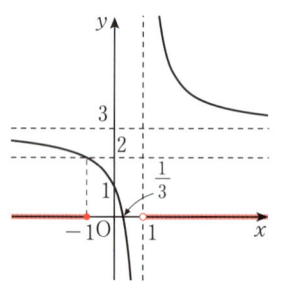

44 ［分数関数のグラフの平行移動］

関数 $y=\dfrac{2x+3}{x+2}$ のグラフを x 軸方向に 3，y 軸方向に 1 だけ平行移動したものをグラフとする関数の式を求めよ。

x 軸方向に 3，y 軸方向に 1 だけ平行移動するので

$\left.\begin{array}{l} x \to x-3 \\ y \to y-1 \end{array}\right\}$ と入れかえる

よって，$y-1=\dfrac{2(x-3)+3}{(x-3)+2}$ より

$y=\dfrac{2x-3}{x-1}+1$

したがって　$y=\dfrac{3x-4}{x-1}$ …答

45 ［分数関数のグラフと直線との交点］必修 テスト

関数 $y=\dfrac{-x+3}{2x-1}$ …① のグラフと直線 $y=x+1$ …② との交点の座標を求めよ。

①を帯分数の形に直すと $y=\dfrac{\frac{5}{2}}{2x-1}-\dfrac{1}{2}=\dfrac{\frac{5}{4}}{x-\frac{1}{2}}-\dfrac{1}{2}$

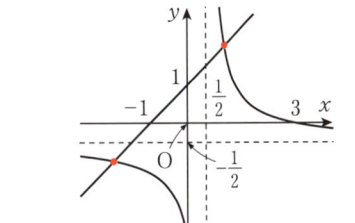

よって，グラフは右のようになる。

①，② から y を消去すると

$\dfrac{-x+3}{2x-1}=x+1$

両辺に $2x-1$ を掛けて整理すると

$2x^2+2x-4=0$ $\quad 2(x+2)(x-1)=0$ より $\quad x=-2,\ 1$

グラフから，これは交点の x 座標である。

したがって，交点の座標は $(-2,\ -1),\ (1,\ 2)$ …答

46 ［分数関数のグラフと不等式］

関数 $y=\dfrac{2x}{x-1}$ …① について，次の問いに答えよ。

(1) 不等式 $\dfrac{2x}{x-1}\geqq x+2$ を満たす x の値の範囲を，関数①のグラフを利用して解け。

①は $y=\dfrac{2x}{x-1}=\dfrac{2}{x-1}+2$ $\quad y=x+2$ …②とおく。

①，②の交点の x 座標は，

$\dfrac{2x}{x-1}=x+2$ を解いて $\quad x=-1,\ 2$

グラフから，不等式を満たす x の値の範囲は

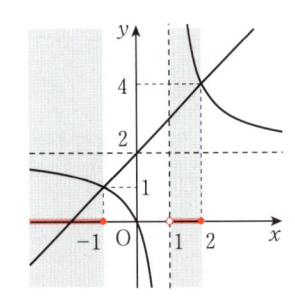

$\boldsymbol{x\leqq -1,\ 1<x\leqq 2}$ …答

(2) 関数①のグラフが $y=kx+2$ $(k\neq 0)$ と共有点をもつとき，k の値の範囲を求めよ。

$\dfrac{2x}{x-1}=kx+2$ が実数解をもつ。

分母をはらって整理して $\quad kx^2-kx-2=0$

この2次方程式が実数解をもてばよいから，判別式を D とすると

$D=k^2+8k=k(k+8)\geqq 0$

$k\neq 0$ より $\quad \boldsymbol{k\leqq -8,\ 0<k}$ …答

2 無理関数のグラフ

47 ［無理関数のグラフ］
次の関数のグラフをかけ。

(1) $y=\sqrt{-2x+6}$

$y=\sqrt{-2(x-3)}$ だから，
$y=\sqrt{-2x}$ のグラフを
x 軸方向に 3
だけ平行移動したグラフ。

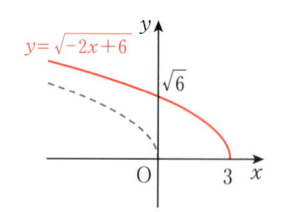

(2) $y=-\sqrt{x+2}$

$y=-\sqrt{x}$ のグラフを
x 軸方向に -2
だけ平行移動したグラフ。

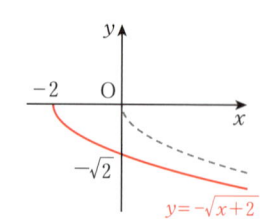

48 ［無理関数のグラフと直線との交点］必修 テスト
関数 $y=\sqrt{x-2}$ のグラフと直線 $y=4-x$ との交点の座標を求めよ。

y を消去すると $\sqrt{x-2}=4-x$
両辺を 2 乗して整理すると
$x^2-9x+18=0$
$(x-3)(x-6)=0$
よって $x=3, 6$
グラフより $x=3$
このとき $y=1$
したがって，交点の座標は $(3, 1)$ …答

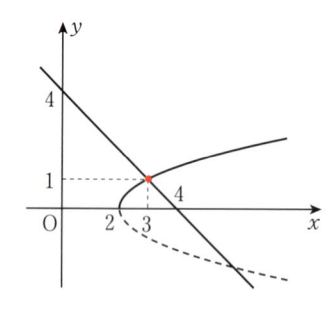

49 ［無理方程式と不等式］テスト
2つの関数 $y=\sqrt{2x+5}$ と $y=x+1$ のグラフを利用して，方程式 $\sqrt{2x+5}=x+1$ と不等式 $\sqrt{2x+5}>x+1$ を解け。

方程式 $\sqrt{2x+5}=x+1$ について，
両辺を 2 乗して整理すると $x^2-4=0$
よって $x=\pm 2$
グラフより，**方程式の解は** $x=2$ …答

不等式 $\sqrt{2x+5}>x+1$ について
グラフより，**不等式の解は** $-\dfrac{5}{2} \leqq x < 2$ …答

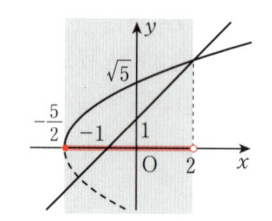

50 [無理関数のグラフと直線との共有点] テスト
関数 $y=\sqrt{-3x+6}$ …① のグラフと直線 $y=-x+k$ …② との共有点の個数を調べよ。

①，②より y を消去して $\sqrt{-3x+6}=-x+k$

両辺を2乗して整理すると $x^2-(2k-3)x+k^2-6=0$

判別式 $D=(2k-3)^2-4(k^2-6)=-12k+33$
$\qquad\quad =-3(4k-11)$

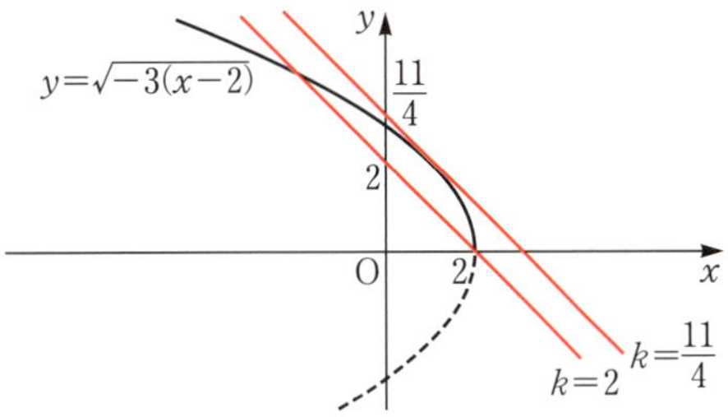

①，②が接するときは $k=\dfrac{11}{4}$

また，②が点 $(2,\ 0)$ を通るとき $k=2$

グラフより，共有点の個数を k によって分類する。

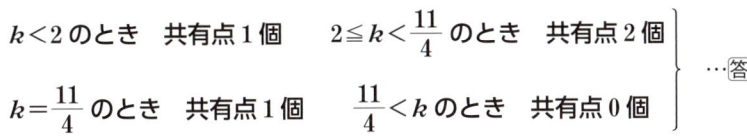

$k<2$ のとき 共有点1個　　$2\leqq k<\dfrac{11}{4}$ のとき 共有点2個

$k=\dfrac{11}{4}$ のとき 共有点1個　　$\dfrac{11}{4}<k$ のとき 共有点0個

…答

3 逆関数と合成関数

51 [逆関数]
次の関数の逆関数を求めよ。

(1) $y=3x+5$

x について解いて $x=\dfrac{y-5}{3}$　　x と y を入れかえて $\boldsymbol{y=\dfrac{1}{3}x-\dfrac{5}{3}}$ …答

(2) $y=\dfrac{3}{x+1}-2$

$y+2=\dfrac{3}{x+1}$　　$x+1=\dfrac{3}{y+2}$　　$x=\dfrac{3}{y+2}-1$　　x と y を入れかえて $\boldsymbol{y=\dfrac{3}{x+2}-1}$ …答

52 [逆関数とグラフ(1)] 必修 テスト
関数 $y=\dfrac{1}{3}x-1$ $(0\leqq x\leqq 3)$ の逆関数を求めよ。また，そのグラフをかけ。

x について解いて $x=3y+3$

x と y を入れかえて $y=3x+3$

もとの関数の値域は $-1\leqq y\leqq 0$

よって，逆関数の定義域は $-1\leqq x\leqq 0$

したがって，求める逆関数は $\boldsymbol{y=3x+3}$ $\boldsymbol{(-1\leqq x\leqq 0)}$ …答

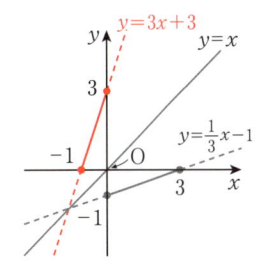

➡ 問題 *p. 34*

53 [逆関数とグラフ(2)]
次の逆関数を求め，そのグラフをかけ。また，逆関数の定義域を求めよ。

(1) $y=2x^2$ $(x \leqq 0)$

$x \leqq 0$ だから $x=-\sqrt{\dfrac{y}{2}}$

x と y を入れかえて $y=-\sqrt{\dfrac{x}{2}}$

もとの関数の値域は $y \geqq 0$ だから，

逆関数の定義域は $x \geqq 0$ …答

よって $\boldsymbol{y=-\sqrt{\dfrac{x}{2}}}$ $(x \geqq 0)$ …答

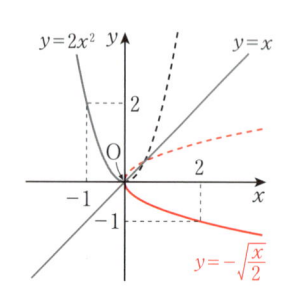

(2) $y=-\dfrac{1}{4}x^2+2$ $(x \geqq 0)$

$x \geqq 0$ だから $x=\sqrt{-4(y-2)}$

x と y を入れかえて $y=\sqrt{-4(x-2)}$

もとの関数の値域は $y \leqq 2$ だから，

逆関数の定義域は $x \leqq 2$ …答

よって $\boldsymbol{y=\sqrt{-4(x-2)}}$ $(x \leqq 2)$ …答

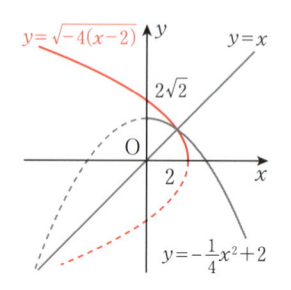

54 [逆関数とグラフ(3)] 📝テスト
関数 $y=x^2-2$ $(x \geqq 0)$ …① の逆関数 $y=g(x)$ …② について，次の問いに答えよ。

(1) 関数 $y=g(x)$ を求め，グラフをかけ。

$x \geqq 0$ だから $x=\sqrt{y+2}$

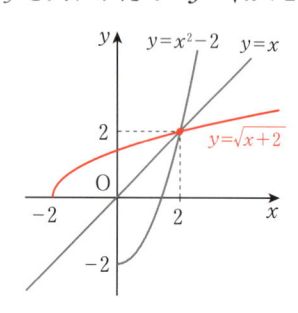

x と y を入れかえて $\boldsymbol{y=\sqrt{x+2}}$ $(\boldsymbol{x \geqq -2})$ …答

(2) 2つの関数①と②のグラフの交点の座標を求めよ。

①と②のグラフは直線 $y=x$ に関して対称だから，

①のグラフと直線 $y=x$ の交点の座標を求めればよい。

よって，$y=x$ を $y=x^2-2$ に代入して，

$x=x^2-2$ より $x^2-x-2=0$

$(x+1)(x-2)=0$ より $x=-1, 2$

$x \geqq 0$ より $x=2$ よって，交点の座標は **(2, 2)** …答

55 [合成関数]

次の関数 $f(x)$, $g(x)$ に対して，合成関数 $(g \circ f)(x)$, $(f \circ g)(x)$, $(g \circ g)(x)$ を求めよ。

$$f(x) = \frac{3}{x+1} \qquad g(x) = 2x - 1$$

$$(g \circ f)(x) = g(f(x)) = 2 \times \frac{3}{x+1} - 1 = \frac{6}{x+1} - 1$$

$$(f \circ g)(x) = f(g(x)) = \frac{3}{(2x-1)+1} = \frac{3}{2x}$$ …答

$$(g \circ g)(x) = g(g(x)) = 2(2x-1) - 1 = 4x - 3$$

56 [逆関数の性質]

関数 $f(x) = \dfrac{3x+1}{x-a}$ の逆関数がもとの関数と一致するとき，定数 a の値を求めよ。

$y = \dfrac{3x+1}{x-a}$ を x について解くと $xy - ay = 3x + 1$ $(y-3)x = ay + 1$

よって $x = \dfrac{ay+1}{y-3}$

x と y を入れかえて，逆関数は $y = \dfrac{ax+1}{x-3}$

もとの関数 $f(x)$ と逆関数を比較して $\boldsymbol{a = 3}$ …答

[別解] $f^{-1}(x) = f(x)$ より，それぞれの定義域で $(f \circ f)(x) = x$ だから

$$f(f(x)) = \frac{3 \cdot \dfrac{3x+1}{x-a} + 1}{\dfrac{3x+1}{x-a} - a} = \frac{3(3x+1) + (x-a)}{3x+1 - a(x-a)} = \frac{10x + (3-a)}{(3-a)x + (1+a^2)} = x$$

だから $(3-a)x^2 + (a^2 - 9)x - (3-a) = 0$

$(3-a)\{x^2 - (a+3)x - 1\} = 0$

どんな x に対しても成り立つから $\boldsymbol{a = 3}$ …答

57 [逆関数と合成関数]

関数 $f(x) = 3^x$ について，次の問いに答えよ。

(1) 関数 $f(x)$ の逆関数 $f^{-1}(x)$ を求めよ。

$y = 3^x$ より $x = \log_3 y$

したがって $f^{-1}(x) = \boldsymbol{\log_3 x}$ …答

(2) $(f^{-1} \circ f)(x) = (f \circ f^{-1})(x) = x$ を示せ。

$(f^{-1} \circ f)(x) = f^{-1}(f(x)) = \log_3 3^x = \boldsymbol{x}$

$(f \circ f^{-1})(x) = f(f^{-1}(x)) = 3^{\log_3 x} = \boldsymbol{x}$

したがって $(f^{-1} \circ f)(x) = (f \circ f^{-1})(x) = x$ 終

➡ 問題 *p. 36*

4 数列の極限

58 ［数列の収束・発散］
次の数列の収束，発散を調べよ。

(1) $\left\{2+\dfrac{1}{n}\right\}$

$n\to\infty$ のとき $\dfrac{1}{n}\to 0$ より，**2 に収束する。** …答

(2) $\{3-n^2\}$

$n\to\infty$ のとき $-n^2\to -\infty$ より，**負の無限大に発散する。** …答

(3) $\{n^3-1\}$

$n\to\infty$ のとき $n^3\to\infty$ より，**正の無限大に発散する。** …答

59 ［数列の極限(1)］
次の極限を調べよ。

(1) $\displaystyle\lim_{n\to\infty}(n^2-2n)$

$=\displaystyle\lim_{n\to\infty}n^2\left(1-\dfrac{2}{n}\right)=\infty$ …答

(2) $\displaystyle\lim_{n\to\infty}(\sqrt{n}-n)$

$=\displaystyle\lim_{n\to\infty}n\left(\dfrac{1}{\sqrt{n}}-1\right)=-\infty$ …答

(3) $\displaystyle\lim_{n\to\infty}(-1)^n n$

振動するから，**極限なし。** …答

60 ［数列の極限(2)］ 必修 テスト
次の極限を調べよ。

(1) $\displaystyle\lim_{n\to\infty}\dfrac{2n^2+3}{n^2+n-1}$

分母，分子を n^2 で割って $\displaystyle\lim_{n\to\infty}\dfrac{2+\dfrac{3}{n^2}}{1+\dfrac{1}{n}-\dfrac{1}{n^2}}=2$ …答

(2) $\displaystyle\lim_{n\to\infty}\dfrac{n+1}{\sqrt{n}+3}$

分母，分子を $\sqrt{n}$ で割って $\displaystyle\lim_{n\to\infty}\dfrac{\sqrt{n}+\dfrac{1}{\sqrt{n}}}{1+\dfrac{3}{\sqrt{n}}}=\infty$ …答

61 [数列の極限(3)]　テスト
次の極限を調べよ。

(1) $\lim_{n \to \infty}(\sqrt{n^2-n+2}-n)$

> $\sqrt{n^2-n+2}-n = \dfrac{\sqrt{n^2-n+2}-n}{1}$ と考えます。

分母, 分子に $(\sqrt{n^2-n+2}+n)$ を掛ける。

$$\lim_{n \to \infty}\frac{n^2-n+2-n^2}{\sqrt{n^2-n+2}+n}=\lim_{n \to \infty}\frac{-n+2}{\sqrt{n^2-n+2}+n}=\lim_{n \to \infty}\frac{-1+\dfrac{2}{n}}{\sqrt{1-\dfrac{1}{n}+\dfrac{2}{n^2}}+1}=\frac{-1}{2}=-\frac{1}{2} \quad \cdots\text{答}$$

(2) $\lim_{n \to \infty}\dfrac{1}{\sqrt{n^2+4n+1}-n}$

分母, 分子に $(\sqrt{n^2+4n+1}+n)$ を掛ける。

$$\lim_{n \to \infty}\frac{\sqrt{n^2+4n+1}+n}{n^2+4n+1-n^2}=\lim_{n \to \infty}\frac{\sqrt{n^2+4n+1}+n}{4n+1}=\lim_{n \to \infty}\frac{\sqrt{1+\dfrac{4}{n}+\dfrac{1}{n^2}}+1}{4+\dfrac{1}{n}}=\frac{2}{4}=\frac{1}{2} \quad \cdots\text{答}$$

5　無限等比数列 $\{r^n\}$ の極限

62 [$\{r^n\}$ の極限(1)]　必修　テスト
次の極限を調べよ。

(1) $\lim_{n \to \infty}\dfrac{4^n+2^n}{5^n-3^n}$

分母, 分子を 5^n で割る。　$\lim_{n \to \infty}\dfrac{\left(\dfrac{4}{5}\right)^n+\left(\dfrac{2}{5}\right)^n}{1-\left(\dfrac{3}{5}\right)^n}=0 \quad \cdots\text{答}$

(2) $\lim_{n \to \infty}\{3^n+(-2)^n\}$

3^n でくくる。　$\lim_{n \to \infty}3^n\left\{1+\left(-\dfrac{2}{3}\right)^n\right\}=\infty \quad \cdots\text{答}$

(3) $\lim_{n \to \infty}\dfrac{3^{n+2}-1}{3^n+2}$

分母, 分子を 3^n で割る。　$\lim_{n \to \infty}\dfrac{9-\dfrac{1}{3^n}}{1+\dfrac{2}{3^n}}=9 \quad \cdots\text{答}$

➡ 問題 p. 38

63 [$\{r^n\}$ の極限(2)]
$\displaystyle\lim_{n\to\infty}\frac{r^{n+2}-r^{n+1}+1}{r^{n+1}+1}$ ($r\neq -1$) の極限を調べよ。

(i) $|r|<1$ のとき $r^{n+2}\to 0$, $r^{n+1}\to 0$ だから $\displaystyle\lim_{n\to\infty}\frac{r^{n+2}-r^{n+1}+1}{r^{n+1}+1}=\frac{0-0+1}{0+1}=1$

(ii) $r=1$ のとき $\displaystyle\lim_{n\to\infty}\frac{r^{n+2}-r^{n+1}+1}{r^{n+1}+1}=\frac{1-1+1}{1+1}=\frac{1}{2}$

(iii) $|r|>1$ のとき 分母,分子を r^{n+1} で割って $\displaystyle\lim_{n\to\infty}\frac{r-1+\dfrac{1}{r^{n+1}}}{1+\dfrac{1}{r^{n+1}}}=\frac{r-1}{1}=r-1$

答 $\begin{cases} 1 & (|r|<1 \text{ のとき}) \\ \dfrac{1}{2} & (r=1 \text{ のとき}) \\ r-1 & (|r|>1 \text{ のとき}) \end{cases}$

6 極限と大小関係

64 [はさみうちの原理]
無限数列 $\dfrac{1}{3}$, $\dfrac{2}{3^2}$, $\dfrac{3}{3^3}$, …, $\dfrac{n}{3^n}$, … について,次の問いに答えよ。

(1) $n\geq 2$ のとき $3^n>n^2$ が成立することを,数学的帰納法を用いて証明せよ。

$3^n>n^2$ について

(i) $n=2$ のとき,$3^2=9$, $2^2=4$ だから $3^n>n^2$

(ii) $n=k$ ($k\geq 2$) のとき,$3^k>k^2$ …① が成立すると仮定すると,

$n=k+1$ のとき

$3^{k+1}-(k+1)^2=3\cdot 3^k-(k+1)^2 > 3\cdot k^2-(k^2+2k+1)=2k^2-2k-1=2\left(k-\dfrac{1}{2}\right)^2-\dfrac{3}{2}$
　　　　　　　　　　　　　　↳①より

$\geq 3>0$
↳$k\geq 2$ だから

よって $3^{k+1}>(k+1)^2$ すなわち,$n=k+1$ のときも成立する。

(i),(ii)より,$n\geq 2$ のとき $3^n>n^2$ は成立する。 終

(2) $\displaystyle\lim_{n\to\infty}\dfrac{n}{3^n}$ を求めよ。

$n\geq 2$ のとき,(1)より $3^n>n^2$ よって $\dfrac{1}{n}>\dfrac{n}{3^n}$
　　　　　　　　　　　　　　　　　　　↳両辺を $n\cdot 3^n$ で割った

また,$0<\dfrac{n}{3^n}$ は明らかだから $0<\dfrac{n}{3^n}<\dfrac{1}{n}$ …②

$\displaystyle\lim_{n\to\infty}\dfrac{1}{n}=0$ だから,②より $\displaystyle\lim_{n\to\infty}\dfrac{n}{3^n}=0$ …答

65 [隣接2項間の漸化式と数列の極限] 必修 テスト

$a_1=1$, $a_{n+1}=\dfrac{1}{3}a_n+\dfrac{1}{2}$ $(n=1, 2, 3, \cdots)$ で定義される数列 $\{a_n\}$ について,$\lim\limits_{n\to\infty} a_n$ を求めよ。

$$a_{n+1}=\dfrac{1}{3}a_n+\dfrac{1}{2}$$
$$-)\quad \alpha=\dfrac{1}{3}\alpha+\dfrac{1}{2}$$
$$\overline{\quad a_{n+1}-\alpha=\dfrac{1}{3}(a_n-\alpha)\quad}$$

$6\alpha=2\alpha+3$ より $\alpha=\dfrac{3}{4}$

よって,この漸化式は $a_{n+1}-\dfrac{3}{4}=\dfrac{1}{3}\left(a_n-\dfrac{3}{4}\right)$ と変形できる。

よって,数列 $\left\{a_n-\dfrac{3}{4}\right\}$ は公比 $\dfrac{1}{3}$ の等比数列。初項は $a_1-\dfrac{3}{4}=\dfrac{1}{4}$

したがって,$a_n-\dfrac{3}{4}=\dfrac{1}{4}\left(\dfrac{1}{3}\right)^{n-1}$ より $a_n=\dfrac{3}{4}+\dfrac{1}{4}\left(\dfrac{1}{3}\right)^{n-1}$

これより $\lim\limits_{n\to\infty} a_n=\lim\limits_{n\to\infty}\left\{\dfrac{3}{4}+\dfrac{1}{4}\left(\dfrac{1}{3}\right)^{n-1}\right\}=\dfrac{3}{4}$ …答

66 [隣接3項間の漸化式と数列の極限]

$a_1=1$, $a_2=2$, $a_{n+2}=\dfrac{1}{3}(a_{n+1}+2a_n)$ $(n=1, 2, 3, \cdots)$ で定義される数列 $\{a_n\}$ について,次の問いに答えよ。

(1) $b_n=a_{n+1}-a_n$ $(n=1, 2, 3, \cdots)$ とおくとき,数列 $\{b_n\}$ の一般項 b_n を n を用いて表せ。

$a_{n+2}-a_{n+1}=\dfrac{1}{3}a_{n+1}+\dfrac{2}{3}a_n-a_{n+1}=-\dfrac{2}{3}(a_{n+1}-a_n)$

$b_n=a_{n+1}-a_n$ とおくから $b_{n+1}=-\dfrac{2}{3}b_n$ $b_1=a_2-a_1=1$

数列 $\{b_n\}$ は初項1,公比 $-\dfrac{2}{3}$ の等比数列だから $b_n=\left(-\dfrac{2}{3}\right)^{n-1}$ …答

(2) 数列 $\{a_n\}$ の一般項 a_n を n を用いて表せ。

数列 $\{b_n\}$ は数列 $\{a_n\}$ の階差数列だから,$n\geqq 2$ のとき

$a_n=a_1+\sum\limits_{k=1}^{n-1}b_k=1+\dfrac{1\left\{1-\left(-\dfrac{2}{3}\right)^{n-1}\right\}}{1-\left(-\dfrac{2}{3}\right)}=1+\dfrac{3}{5}\left\{1-\left(-\dfrac{2}{3}\right)^{n-1}\right\}=\dfrac{8}{5}-\dfrac{3}{5}\left(-\dfrac{2}{3}\right)^{n-1}$ …答

$a_1=1$ より,これは $n=1$ のときにも成り立つ。

(3) 極限値 $\lim\limits_{n\to\infty}a_n$ を求めよ。

$\lim\limits_{n\to\infty}\left\{\dfrac{8}{5}-\dfrac{3}{5}\left(-\dfrac{2}{3}\right)^{n-1}\right\}=\dfrac{8}{5}$ …答

7 無限級数

67 [無限級数]

無限級数 $\dfrac{1}{1\cdot 3}+\dfrac{1}{3\cdot 5}+\dfrac{1}{5\cdot 7}+\cdots$ の和を求めよ。

$\dfrac{1}{(2k-1)(2k+1)}=\dfrac{a}{2k-1}+\dfrac{b}{2k+1}=\dfrac{2(a+b)k+a-b}{(2k-1)(2k+1)}$ より $a+b=0,\ a-b=1$

よって $a=\dfrac{1}{2},\ b=-\dfrac{1}{2}$

一般項 $a_k=\dfrac{1}{(2k-1)(2k+1)}=\dfrac{1}{2}\left(\dfrac{1}{2k-1}-\dfrac{1}{2k+1}\right)$

部分和 $S_n=\dfrac{1}{2}\left(1-\dfrac{1}{3}\right)+\dfrac{1}{2}\left(\dfrac{1}{3}-\dfrac{1}{5}\right)+\dfrac{1}{2}\left(\dfrac{1}{5}-\dfrac{1}{7}\right)+\cdots+\dfrac{1}{2}\left(\dfrac{1}{2n-1}-\dfrac{1}{2n+1}\right)=\dfrac{1}{2}\left(1-\dfrac{1}{2n+1}\right)$

$\dfrac{1}{1\cdot 3}+\dfrac{1}{3\cdot 5}+\dfrac{1}{5\cdot 7}+\cdots=\lim_{n\to\infty}S_n=\lim_{n\to\infty}\dfrac{1}{2}\left(1-\dfrac{1}{2n+1}\right)=\dfrac{1}{2}$ …答

68 [無限級数の収束・発散]

次の無限級数の収束・発散を調べ，収束するときはその和を求めよ。

(1) $\dfrac{1}{\sqrt{3}+1}+\dfrac{1}{\sqrt{5}+\sqrt{3}}+\dfrac{1}{\sqrt{7}+\sqrt{5}}+\cdots$

> 分母・分子に $\sqrt{2n+1}-\sqrt{2n-1}$ を掛けます。

一般項 $a_n=\dfrac{1}{\sqrt{2n+1}+\sqrt{2n-1}}=\dfrac{1}{2}(\sqrt{2n+1}-\sqrt{2n-1})$

部分和 $S_n=\dfrac{1}{2}(\sqrt{3}-1)+\dfrac{1}{2}(\sqrt{5}-\sqrt{3})+\dfrac{1}{2}(\sqrt{7}-\sqrt{5})+\cdots+\dfrac{1}{2}(\sqrt{2n+1}-\sqrt{2n-1})$
$=\dfrac{1}{2}(\sqrt{2n+1}-1)$

$\lim_{n\to\infty}S_n=\lim_{n\to\infty}\dfrac{1}{2}(\sqrt{2n+1}-1)=\infty$ より，**発散する。** …答

(2) $\dfrac{1}{2}+\dfrac{3}{4}+\dfrac{5}{6}+\dfrac{7}{8}+\cdots$

一般項 $a_n=\dfrac{2n-1}{2n}$　　$\lim_{n\to\infty}a_n=\lim_{n\to\infty}\dfrac{2n-1}{2n}=\lim_{n\to\infty}\dfrac{2-\dfrac{1}{n}}{2}=1\neq 0$ より，**発散する。** …答

8 無限等比級数

69 [無限等比級数]

初項 r，公比 r の無限等比級数の和 S が $\dfrac{1}{2}$ であるとき，次の問いに答えよ。

(1) r の値を求めよ。

$|r|<1$ のとき，この無限級数は収束して和 S が求められる。

$S=\dfrac{r}{1-r}=\dfrac{1}{2}$ より，$2r=1-r$ を解いて $r=\dfrac{1}{3}$　　これは $|r|<1$ を満たすから $r=\dfrac{1}{3}$ …答

(2) 初項から第 n 項までの和を S_n とするとき，$|S-S_n|<\dfrac{1}{10^3}$ を満たす最小の n の値を求めよ。

$$|S-S_n|=\left|\dfrac{1}{2}-\dfrac{\dfrac{1}{3}\left\{1-\left(\dfrac{1}{3}\right)^n\right\}}{1-\dfrac{1}{3}}\right|=\left|\dfrac{1}{2}-\dfrac{1}{2}\left\{1-\left(\dfrac{1}{3}\right)^n\right\}\right|=\dfrac{1}{2}\left(\dfrac{1}{3}\right)^n<\dfrac{1}{10^3}$$

したがって $\dfrac{1}{3^n}<\dfrac{1}{500}$　$3^n>500$

求める n の値は，この不等式を満たす最小の整数だから　$\boldsymbol{n=6}$　…答

70 ［循環小数］
循環小数 $0.3\dot{5}\dot{7}$ を分数に直せ。

$0.3\dot{5}\dot{7}=0.3+0.057+0.00057+\cdots$

第 2 項以降は初項 0.057，公比 0.01 の無限等比級数で $|0.01|<1$ より収束する。

$0.3\dot{5}\dot{7}=0.3+\dfrac{0.057}{1-0.01}=\dfrac{3}{10}+\dfrac{57}{990}$

$\phantom{0.3\dot{5}\dot{7}}=\dfrac{354}{990}=\boldsymbol{\dfrac{59}{165}}$　…答

71 ［無限等比級数の収束条件］
無限等比級数

$$1+\cos x+\cos^2 x+\cdots\quad\cdots①$$

について，次の問いに答えよ。

(1) 無限等比級数①が収束するような x の値の範囲を求めよ。

①は初項 1，公比 $r=\cos x$ の無限等比級数である。

$|r|<1$ のとき収束するから，$-1<\cos x<1$ より　$x\neq n\pi$（n は整数）

よって，$\boldsymbol{x\neq n\pi}$（$\boldsymbol{n}$ **は整数**）のとき収束する。　…答

(2) この級数の和が 2 になるように x の値を定めよ。

①で表される和を S とすると　$S=\dfrac{1}{1-r}=2$　$r=\dfrac{1}{2}$

よって，$\cos x=\dfrac{1}{2}$ を解いて　$\boldsymbol{x=\pm\dfrac{\pi}{3}+2n\pi}$（$\boldsymbol{n}$ **は整数**）　…答

72 ［無限等比級数で表される関数］
無限等比級数
$$x+x(x^2-2x+1)+x(x^2-2x+1)^2+\cdots \quad \cdots ①$$
について，次の問いに答えよ。

(1) この無限等比級数が収束するような，実数 x の値の範囲を求めよ。

無限等比級数 $a+ar+ar^2+\cdots$ が収束するための条件は，$a=0$ または $|r|<1$ である。

①は，初項が $a=x$，公比が $r=x^2-2x+1$ の無限等比級数だから，

(i) $x=0$ のとき，①は明らかに収束する。

(ii) $x \neq 0$ のとき，①は公比 x^2-2x+1 の無限等比級数。
よって，$-1<x^2-2x+1<1$ のとき収束する。
$-1<x^2-2x+1 \iff x^2-2x+2=(x-1)^2+1>0$ より常に成立する。
$x^2-2x+1<1 \iff x^2-2x<0$ より $0<x<2$

(i), (ii)より $\boldsymbol{0 \leqq x < 2}$ …?

(2) この無限級数の和を $f(x)$ として，関数 $y=f(x)$ のグラフをかけ。

$x=0$ のとき $f(0)=0$

$0<x<2$ のとき $f(x)=\dfrac{x}{1-(x^2-2x+1)}$
$\qquad\qquad\qquad\quad =\dfrac{x}{-x(x-2)}=\dfrac{-1}{x-2}$

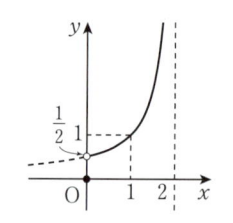

---

73 ［無限等比級数と図形(1)］ 必修 テスト
図のように，点 P が数直線上を原点 O から出発して，P_1，P_2，P_3，…と進んでいく。ただし，$OP_1=1$，$P_1P_2=\dfrac{1}{2}OP_1$，$P_2P_3=\dfrac{1}{2}P_1P_2$，…，$P_nP_{n+1}=\dfrac{1}{2}P_{n-1}P_n$ を満たしている。
このとき，点 P はどのような点に近づくか。 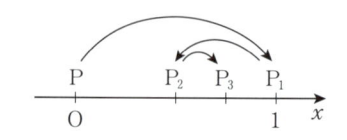

点 P は，$OP_1-P_1P_2+P_2P_3-\cdots$ で表される点に近づく。

$OP_1-P_1P_2+P_2P_3-\cdots=1-\dfrac{1}{2}+\dfrac{1}{4}-\cdots$
$\qquad\qquad\qquad\qquad\quad =1+\left(-\dfrac{1}{2}\right)+\left(-\dfrac{1}{2}\right)^2+\cdots$

これは，初項 1，公比 $-\dfrac{1}{2}$ の無限等比級数である。

$\left|-\dfrac{1}{2}\right|<1$ より，収束して，和は $\dfrac{1}{1-\left(-\dfrac{1}{2}\right)}=\dfrac{2}{3}$

? **数直線上の点で，O より右側で $OP=\dfrac{2}{3}$ となる点に近づく。**

74 ［無限等比級数と図形(2)］ テスト

面積が 1 である正方形 $A_1B_1C_1D_1$ がある。正方形 $A_1B_1C_1D_1$ の辺 A_1B_1，B_1C_1，C_1D_1，D_1A_1 の中点をそれぞれ A_2，B_2，C_2，D_2 として，正方形 $A_2B_2C_2D_2$ を作る。以下，同様に作られた，正方形 $A_1B_1C_1D_1$，正方形 $A_2B_2C_2D_2$，正方形 $A_3B_3C_3D_3$，…，正方形 $A_nB_nC_nD_n$，…について，各正方形の面積の総和を求めよ。

正方形 $A_nB_nC_nD_n$ の面積を S_n とすると $S_{n+1}=\dfrac{1}{2}S_n$

よって，$\sum\limits_{n=1}^{\infty}S_n$ は，初項 1，公比 $\dfrac{1}{2}$ の無限等比級数となる。

$\left|\dfrac{1}{2}\right|<1$ より，収束して，和は $\dfrac{1}{1-\dfrac{1}{2}}=2$ …**答**

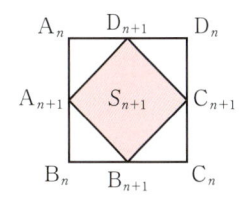

---

75 ［漸化式と無限等比級数］

平面上に曲線 $C: y=x^2$ と点 $A_1(1, 0)$ がある。点 A_1 を通り y 軸に平行な直線と曲線 C との交点を P_1 とし，点 P_1 における曲線 C の接線と x 軸との交点を $A_2(x_2, 0)$ とする。次に，点 A_2 を通り y 軸に平行な直線と曲線 C との交点を P_2 とする。このようにして，次々と P_1，A_2，P_2，A_3，P_3，…，A_n，P_n，…を定める。$\triangle A_nP_nA_{n+1}$ の面積を S_n とするとき，次の問いに答えよ。

(1) 点 A_n の x 座標 x_n を n の式で表せ。

$y=x^2$ を微分して $y'=2x$

点 P_n における接線の方程式は
$y-x_n^2=2x_n(x-x_n)$

接線の方程式を $y=m(x-x_n)+x_n^2$ とおき，$x^2=m(x-x_n)+x_n^2$ の判別式が 0 になることから，m の値を求めてもよい。

x 軸との交点の x 座標は $y=0$ を代入して $x=\dfrac{1}{2}x_n$

よって，$x_{n+1}=\dfrac{1}{2}x_n$ であることがわかる。

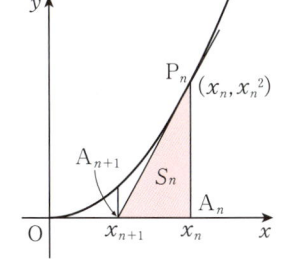

数列 $\{x_n\}$ は初項 1，公比 $\dfrac{1}{2}$ の等比数列だから $x_n=\left(\dfrac{1}{2}\right)^{n-1}$ …**答**

(2) S_n を n の式で表せ。

$S_n=\dfrac{1}{2}A_nA_{n+1}\cdot A_nP_n=\dfrac{1}{2}\left\{\left(\dfrac{1}{2}\right)^{n-1}-\left(\dfrac{1}{2}\right)^n\right\}\cdot\left(\dfrac{1}{2}\right)^{2(n-1)}=\dfrac{1}{4}\left(\dfrac{1}{2}\right)^{3(n-1)}=\dfrac{1}{4}\cdot\left(\dfrac{1}{8}\right)^{n-1}=\left(\dfrac{1}{2}\right)^{3n-1}$ …**答**

$\left(1-\dfrac{1}{2}\right)\cdot\left(\dfrac{1}{2}\right)^{n-1}$　　$x_n^2=\left\{\left(\dfrac{1}{2}\right)^2\right\}^{n-1}$

(3) $\sum\limits_{n=1}^{\infty}S_n$ を求めよ。

初項 $\dfrac{1}{4}$，公比 $\dfrac{1}{8}$ の無限等比級数となる。$\left|\dfrac{1}{8}\right|<1$ より，収束して $\sum\limits_{n=1}^{\infty}S_n=\dfrac{\dfrac{1}{4}}{1-\dfrac{1}{8}}=\dfrac{2}{7}$ …**答**

9 関数の極限

76 ［関数の極限(1)］
次の極限を調べよ。

(1) $\lim_{x \to \infty} \dfrac{2x+1}{x^2}$

$= \lim_{x \to \infty} \left(\dfrac{2}{x} + \dfrac{1}{x^2} \right)$

$= 0$ …答

(2) $\lim_{x \to \infty} \dfrac{2x^2 - x - 3}{x^2 + 1}$ （分母, 分子をx^2で割る）

$= \lim_{x \to \infty} \dfrac{2 - \dfrac{1}{x} - \dfrac{3}{x^2}}{1 + \dfrac{1}{x^2}} = 2$ …答

(3) $\lim_{x \to -\infty} \left(2 - \dfrac{1}{x} \right)\left(1 - \dfrac{3}{x^2} \right)$

$= 2 \cdot 1 = 2$ …答

(4) $\lim_{x \to -\infty} (x^2 - x - 2)$

$= \lim_{x \to -\infty} x^2 \left(1 - \dfrac{1}{x} - \dfrac{2}{x^2} \right)$
$= \infty$ …答

77 ［関数の極限(2)］ 必修 テスト
次の極限を調べよ。

(1) $\lim_{x \to -3} \dfrac{x^2 - 9}{x + 3}$

$= \lim_{x \to -3} \dfrac{(x+3)(x-3)}{x+3} = \lim_{x \to -3} (x-3) = -6$ …答

(2) $\lim_{x \to 0} \dfrac{1}{x}\left(1 - \dfrac{3}{x+3} \right)$

$= \lim_{x \to 0} \dfrac{1}{x} \cdot \dfrac{x}{x+3} = \lim_{x \to 0} \dfrac{1}{x+3} = \dfrac{1}{3}$ …答

(3) $\lim_{x \to -2} \dfrac{\sqrt{x+6} + x}{x+2}$

$= \lim_{x \to -2} \dfrac{x+6-x^2}{(x+2)(\sqrt{x+6}-x)} = \lim_{x \to -2} \dfrac{-(x-3)(x+2)}{(x+2)(\sqrt{x+6}-x)} = \lim_{x \to -2} \dfrac{-(x-3)}{\sqrt{x+6}-x} = \dfrac{5}{4}$ …答

(4) $\lim_{x \to \infty} (\sqrt{x^2 + x} - x)$

$= \lim_{x \to \infty} \dfrac{x^2 + x - x^2}{\sqrt{x^2+x} + x} = \lim_{x \to \infty} \dfrac{1}{\sqrt{1 + \dfrac{1}{x}} + 1} = \dfrac{1}{2}$ …答

(5) $\lim_{x \to -\infty} (\sqrt{x^2 + 2x + 3} + x)$

$x = -t$ とおく。$x \to -\infty$ のとき $t \to \infty$

与式 $= \lim_{t \to \infty} (\sqrt{t^2 - 2t + 3} - t) = \lim_{t \to \infty} \dfrac{(t^2 - 2t + 3) - t^2}{\sqrt{t^2 - 2t + 3} + t} = \lim_{t \to \infty} \dfrac{-2 + \dfrac{3}{t}}{\sqrt{1 - \dfrac{2}{t} + \dfrac{3}{t^2}} + 1} = -1$ …答

78 ［右側極限・左側極限］
次の極限を調べよ。

(1) $\lim_{x \to 1-0} \dfrac{x}{x-1}$

$x \to 1-0$ のとき，$x \to 1$，$x-1 \to -0$ だから $\lim_{x \to 1-0} \dfrac{x}{x-1} = -\infty$ …答

(2) $\lim_{x \to 2} \dfrac{x}{x-2}$

$\lim_{x \to 2+0} \dfrac{x}{x-2} = \infty$，$\lim_{x \to 2-0} \dfrac{x}{x-2} = -\infty$ より，**極限なし** …答

(3) $\lim_{x \to 0} 2^{\frac{1}{x}}$

$\lim_{x \to +0} 2^{\frac{1}{x}} = \infty$，$\lim_{x \to -0} 2^{\frac{1}{x}} = 0$ より，**極限なし** …答

79 ［極限と係数の決定(1)］ テスト
次の等式が成り立つように，定数 a，b の値を定めよ。

$$\lim_{x \to 2} \dfrac{a\sqrt{x+2}+b}{x-2} = 1$$

$x \to 2$ のとき，分母 $\to 0$ だから，

$\lim_{x \to 2} \dfrac{a\sqrt{x+2}+b}{x-2}$ が極限値をもつには，分子 $\to 0$ であることが必要。

よって $\lim_{x \to 2}(a\sqrt{x+2}+b) = 2a+b = 0$ $b = -2a$

このとき $\lim_{x \to 2} \dfrac{a\sqrt{x+2}-2a}{x-2} = \lim_{x \to 2} \dfrac{a(\sqrt{x+2}-2)}{x-2} = \lim_{x \to 2} \dfrac{a(x+2-4)}{(x-2)(\sqrt{x+2}+2)}$

$= \lim_{x \to 2} \dfrac{a}{\sqrt{x+2}+2} = \dfrac{a}{4}$

$\dfrac{a}{4} = 1$ だから $a = 4$，$b = -8$

逆に，$a = 4$，$b = -8$ のとき与式は成り立つ。 ← 十分条件であることの確認

答 $a = 4$，$b = -8$

➡ 問題 p. 46

80 [極限と関数の決定(2)]
次の2式を満たすような整式 $f(x)$ を求めよ。

$$\lim_{x\to\infty}\frac{f(x)}{x^2-4}=3, \quad \lim_{x\to 2}\frac{f(x)}{x^2-4}=2$$

$\lim_{x\to\infty}\dfrac{f(x)}{x^2-4}$ が0以外の極限値をもつから，$f(x)$ は2次式で，さらに，$\lim_{x\to 2}\dfrac{f(x)}{x^2-4}$ が極限値をもつから，$f(x)=(x-2)(ax+b)$ とおける。

$$\lim_{x\to\infty}\frac{(x-2)(ax+b)}{x^2-4}=\lim_{x\to\infty}\frac{\left(1-\dfrac{2}{x}\right)\left(a+\dfrac{b}{x}\right)}{1-\dfrac{4}{x^2}}=a \qquad a=3 \quad \cdots ①$$

$$\lim_{x\to 2}\frac{(x-2)(ax+b)}{(x-2)(x+2)}=\lim_{x\to 2}\frac{ax+b}{x+2}=\frac{2a+b}{4} \qquad \frac{2a+b}{4}=2 \quad \cdots ②$$

①，②より $a=3,\ b=2$　したがって $f(x)=(x-2)(3x+2)$

逆に，$f(x)=(x-2)(3x+2)$ のとき与式は成り立つ。　答　$\boldsymbol{f(x)=(x-2)(3x+2)}$

10 いろいろな関数の極限

81 [指数関数・対数関数の極限]
次の極限を調べよ。

(1) $\lim\limits_{x\to -\infty} 3^x$

$=\boldsymbol{0}$　…答

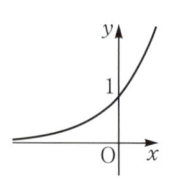

(2) $\lim\limits_{x\to\infty} \log_{\frac{1}{3}} x$

$=-\boldsymbol{\infty}$　…答

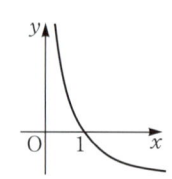

(3) $\lim\limits_{x\to\infty} \log_3 \dfrac{1}{x}$

$=\lim\limits_{x\to\infty}(-\log_3 x)$

$=-\boldsymbol{\infty}$　…答

82 [三角関数の極限(1)]
次の極限を調べよ。

(1) $\lim\limits_{x\to\pi}\cos x$

$=\cos\pi=\boldsymbol{-1}$　…答

(2) $\lim\limits_{x\to\infty}\cos\dfrac{1}{x}$

$=\cos 0=\boldsymbol{1}$　…答

(3) $\lim\limits_{x\to\infty}\tan\dfrac{1}{x}$

$=\tan 0=\boldsymbol{0}$　…答

83 [はさみうちの原理]
次の極限を調べよ。

(1) $\lim\limits_{x\to -\infty}\dfrac{\sin x}{x^2}$

$0\leqq|\sin x|\leqq 1$ より　$0\leqq\dfrac{|\sin x|}{x^2}\leqq\dfrac{1}{x^2}$

ここで，$\lim\limits_{x\to -\infty}\dfrac{1}{x^2}=0$ だから

$\lim\limits_{x\to -\infty}\dfrac{\sin x}{x^2}=\boldsymbol{0}$　…答

(2) $\lim\limits_{x\to 0} x^2\cos\dfrac{1}{x}$

$0\leqq\left|\cos\dfrac{1}{x}\right|\leqq 1$ より　$0\leqq\left|x^2\cos\dfrac{1}{x}\right|\leqq x^2$

ここで，$\lim\limits_{x\to 0}x^2=0$ だから

$\lim\limits_{x\to 0}x^2\cos\dfrac{1}{x}=\boldsymbol{0}$　…答

84 [三角関数の極限(2)] 必修
次の極限を求めよ。

(1) $\displaystyle\lim_{x\to 0}\frac{\sin 2x}{x}$

$=\displaystyle\lim_{x\to 0}\frac{\sin 2x}{2x}\cdot 2 = \mathbf{2}$ …答

(2) $\displaystyle\lim_{x\to 0}\frac{\sin 3x}{\sin 4x}$

$=\displaystyle\lim_{x\to 0}\frac{4x}{\sin 4x}\cdot\frac{\sin 3x}{3x}\cdot\frac{3}{4}=\mathbf{\frac{3}{4}}$ …答

(3) $\displaystyle\lim_{x\to 0}\frac{1-\cos x}{x}$

$=\displaystyle\lim_{x\to 0}\frac{1-\cos^2 x}{x(1+\cos x)}=\lim_{x\to 0}\left(\frac{\sin x}{x}\right)^2\cdot\frac{x}{1+\cos x}=\mathbf{0}$ …答

85 [三角関数の極限(3)] テスト
次の極限を求めよ。

(1) $\displaystyle\lim_{x\to\frac{\pi}{2}}\frac{x-\frac{\pi}{2}}{\cos x}$

$x-\dfrac{\pi}{2}=t$ とおく。 $\displaystyle\lim_{t\to 0}\frac{t}{\cos\left(\frac{\pi}{2}+t\right)}=\lim_{t\to 0}\frac{t}{-\sin t}=\mathbf{-1}$ …答

(2) $\displaystyle\lim_{x\to -\infty}x\sin\frac{1}{x}$

$\dfrac{1}{x}=t$ とおく。 $\displaystyle\lim_{t\to -0}\frac{1}{t}\sin t=\mathbf{1}$ …答

(3) $\displaystyle\lim_{x\to 1}\frac{\sin\pi x}{x-1}$

$x-1=t$ とおく。 $\displaystyle\lim_{t\to 0}\frac{\sin(\pi t+\pi)}{t}=\lim_{t\to 0}\frac{-\sin\pi t}{\pi t}\cdot\pi=\mathbf{-\pi}$ …答

➡ 問題 p. 48

11 連続関数

86 [関数の連続性]
次の関数の $x=2$ における連続性を調べよ。

(1) $f(x)=\begin{cases} \dfrac{x^2-4}{|x-2|} & (x \neq 2) \\ 4 & (x=2) \end{cases}$

$\displaystyle\lim_{x \to 2+0} \dfrac{x^2-4}{|x-2|} = \lim_{x \to 2+0} \dfrac{x^2-4}{x-2} = \lim_{x \to 2+0} (x+2) = 4$

$\displaystyle\lim_{x \to 2-0} \dfrac{x^2-4}{|x-2|} = \lim_{x \to 2-0} \dfrac{x^2-4}{-(x-2)} = \lim_{x \to 2-0} \{-(x+2)\} = -4$

したがって，$f(x)$ は $x=2$ で不連続である。 …答

(2) $f(x)=\begin{cases} \dfrac{|x^2-4|}{|x-2|} & (x \neq 2) \\ 4 & (x=2) \end{cases}$

$\displaystyle\lim_{x \to 2+0} \dfrac{|x^2-4|}{|x-2|} = \lim_{x \to 2+0} \dfrac{x^2-4}{x-2} = \lim_{x \to 2+0} (x+2) = 4$

$\displaystyle\lim_{x \to 2-0} \dfrac{|x^2-4|}{|x-2|} = \lim_{x \to 2-0} \dfrac{-(x^2-4)}{-(x-2)} = \lim_{x \to 2-0} (x+2) = 4$

よって，$\displaystyle\lim_{x \to 2} f(x) = f(2)$ が成り立つ。

したがって，$f(x)$ は $x=2$ で連続である。 …答

87 [中間値の定理] 必修 テスト
次の方程式は，( ) 内の区間に少なくとも1つの実数解をもつことを示せ。

(1) $x^3-2x^2+x-1=0 \quad (1<x<2)$

$f(x)=x^3-2x^2+x-1$ とおく。

　$f(x)$ は $1 \leqq x \leqq 2$ で連続である。

　　$f(1)=1-2+1-1=-1<0 \quad f(2)=8-8+2-1=1>0$

中間値の定理により，

方程式 $x^3-2x^2+x-1=0$ は $1<x<2$ に少なくとも1つの実数解をもつ。 終

(2) $x\cos x+\sin x+1=0 \quad (0<x<\pi)$

$f(x)=x\cos x+\sin x+1$ とおく。

　$f(x)$ は $0 \leqq x \leqq \pi$ で連続である。

　　$f(0)=1>0 \quad f(\pi)=-\pi+1<0$

中間値の定理により，

方程式 $x\cos x+\sin x+1=0$ は $0<x<\pi$ に少なくとも1つの実数解をもつ。 終

88 [極限で表された関数] テスト

a を定数とする。$f(x)=\lim_{n\to\infty}\dfrac{ax+2x^n+x^{n+1}}{1+x^n+x^{n+1}}$ ($x>0$) で定義される関数について，次の問いに答えよ。

(1) (i) $x>1$, (ii) $0<x<1$ のそれぞれの場合について $f(x)$ を求めよ。

(i) $x>1$ のとき

$\lim_{n\to\infty}x^n=\infty$ だから，$\lim_{n\to\infty}\dfrac{1}{x^n}=0$ を使う。

分母，分子を x^n で割って

$$f(x)=\lim_{n\to\infty}\dfrac{\dfrac{a}{x^{n-1}}+2+x}{\dfrac{1}{x^n}+1+x}=\dfrac{x+2}{x+1} \quad \cdots\text{答}$$

(ii) $0<x<1$ のとき

$\lim_{n\to\infty}x^n=0$ だから

$$f(x)=\lim_{n\to\infty}\dfrac{ax+2x^n+x^{n+1}}{1+x^n+x^{n+1}}=ax \quad \cdots\text{答}$$

(2) 関数 $f(x)$ が $x>0$ で連続であるように，定数 a の値を定めよ。

(1)の結果，$x>1$, $0<x<1$ では連続だから，$x=1$ で連続となればよい。

$$\lim_{x\to 1+0}f(x)=\lim_{x\to 1+0}\dfrac{x+2}{x+1}=\dfrac{3}{2}$$

$$\lim_{x\to 1-0}f(x)=\lim_{x\to 1-0}ax=a \quad \text{より} \quad a=\dfrac{3}{2}$$

よって $\lim_{x\to 1}f(x)=\dfrac{3}{2}$

このとき $f(1)=\dfrac{\dfrac{3}{2}+2\cdot 1+1}{1+1+1}=\dfrac{\dfrac{9}{2}}{3}=\dfrac{3}{2}$

$\lim_{x\to 1}f(x)=f(1)$ となり，$x=1$ で連続となる。

したがって $a=\dfrac{3}{2}$ $\cdots$答

89 [無限級数で表された関数]

無限級数 $\sum_{n=1}^{\infty} x\left(\dfrac{2}{x+2}\right)^{n-1}$ …① について，次の問いに答えよ。

(1) 無限級数①が収束する x の値の範囲を求めよ。

　(i) $x=0$ のとき，収束する。

　(ii) $x\neq 0$ のとき，公比 $\dfrac{2}{x+2}$ の無限等比級数だから

　　$-1<\dfrac{2}{x+2}<1$ のとき収束する。

　　$\begin{cases} \dfrac{2}{x+2}+1>0 \text{ より } \dfrac{x+4}{x+2}>0 \quad x<-4,\ -2<x \quad \cdots ② \\ 1-\dfrac{2}{x+2}>0 \text{ より } \dfrac{x}{x+2}>0 \quad x<-2,\ 0<x \quad \cdots ③ \end{cases}$

　　②，③ より　$x<-4,\ 0<x$

　よって，収束する x の値の範囲は　$\boldsymbol{x<-4,\ 0\leqq x}$　…答

(2) 無限級数①が収束するとき，その和を $f(x)$ とする。

　(i) 関数 $y=f(x)$ のグラフをかけ。

　　$x=0$ のとき　$f(0)=0$

　　$x<-4,\ 0<x$ のとき

　　　$f(x)=\dfrac{x}{1-\dfrac{2}{x+2}}=\dfrac{x(x+2)}{x}=x+2$

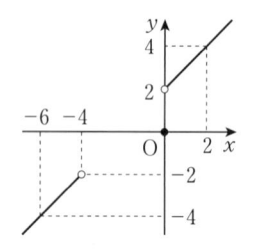

　(ii) 関数 $f(x)$ の連続性を調べよ。

　　$\lim_{x\to +0}(x+2)=2$

　　$f(0)=0$ より　$\lim_{x\to +0}f(x)\neq f(0)$

　したがって，**関数 $f(x)$ は $x=0$ で不連続である。**　…答

入試問題にチャレンジ

10 関数 $f(x)=\dfrac{2x+1}{x+1}$ を考える。双曲線 $y=f(x)$ の漸近線は $x=-1$ と $y=\boxed{\text{ア}}$ である。また，不等式 $f(x)>1-2x$ が成り立つような x の値の範囲は $\boxed{\text{イ}}$ である。
（南山大）

$f(x)=\dfrac{-1}{x+1}+2$ より，漸近線は直線 $x=-1$ と直線 $y=2^{\text{ア}}$ …答

また，双曲線 $y=\dfrac{2x+1}{x+1}$ と直線 $y=1-2x$ との交点の x 座標は，方程式 $\dfrac{2x+1}{x+1}=1-2x$ の解だから，$2x+1=(x+1)(1-2x)$ を整理して，

$2x^2+3x=0$ より，$x(2x+3)=0$ だから $x=0,\ -\dfrac{3}{2}$

グラフより，不等式の解は $-\dfrac{3}{2}<x<-1,\ 0<x^{\text{イ}}$ …答

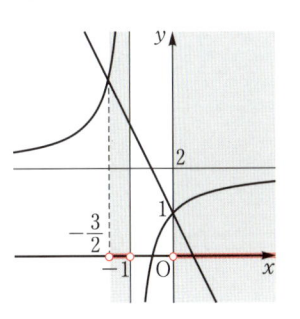

11 曲線 $y=\sqrt{2x+3}$ と直線 $y=x-1$ の共有点の x 座標を求めると $x=\boxed{\text{ア}}$ である。また，不等式 $\sqrt{2x+3}>x-1$ を解くと $\boxed{\text{イ}}$ である。
（福岡大）

曲線 $y=\sqrt{2x+3}$ と直線 $y=x-1$ の共有点の x 座標は，方程式 $\sqrt{2x+3}=x-1$ の解だから，$2x+3=(x-1)^2$ を整理して，

$x^2-4x-2=0$ より $x=2\pm\sqrt{6}$

グラフより，共有点の x 座標は $x=2+\sqrt{6}^{\text{ア}}$ …答

また，不等式の解は $-\dfrac{3}{2}\leqq x<2+\sqrt{6}^{\text{イ}}$ …答

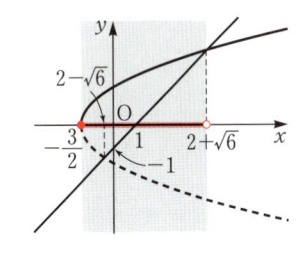

12 x の関数 $f(x)=a-\dfrac{3}{2^x+1}$ を考える。ただし，a は実数の定数である。
（東京理科大・改）

(1) $f(-x)=-f(x)$ が成り立つとき，a の値を求めよ。

$f(x)=\dfrac{a\cdot 2^x+(a-3)}{2^x+1}$ より $f(-x)=\dfrac{a\cdot 2^{-x}+(a-3)}{2^{-x}+1}=\dfrac{a+(a-3)\cdot 2^x}{1+2^x}=\dfrac{(a-3)\cdot 2^x+a}{2^x+1}$ …①

$-f(x)=-a+\dfrac{3}{2^x+1}=\dfrac{-a\cdot 2^x-(a-3)}{2^x+1}$ …②

①＝② より，$a-3=-a$ を解いて $a=\dfrac{3}{2}$ …答

(2) a が(1)の値のとき，関数 $f(x)$ の逆関数 $f^{-1}(x)$ を求めよ。

$a=\dfrac{3}{2}$ のとき，$y=\dfrac{\dfrac{3}{2}\cdot 2^x-\dfrac{3}{2}}{2^x+1}$ より，$(2^x+1)y=\dfrac{3}{2}\cdot 2^x-\dfrac{3}{2}$ を整理して，$(2y-3)2^x=-2y-3$ より，$2^x=\dfrac{-2y-3}{2y-3}$ となり $x=\log_2\dfrac{-2y-3}{2y-3}$ よって $f^{-1}(x)=\log_2\dfrac{-2x-3}{2x-3}$ …答

➡ 問題 *p. 52*

13 次の問いに答えよ。

(1) $\lim_{n\to\infty}(\sqrt{n^2+n}-\sqrt{n^2-n})$ を求めよ。 (明治大)

　　　　　　　　　　　　　　　　　　　　分母・分子に$(\sqrt{n^2+n}+\sqrt{n^2-n})$を掛ける

与式 $=\lim_{n\to\infty}\dfrac{(n^2+n)-(n^2-n)}{\sqrt{n^2+n}+\sqrt{n^2-n}}=\lim_{n\to\infty}\dfrac{2n}{\sqrt{n^2+n}+\sqrt{n^2-n}}$

　　 $=\lim_{n\to\infty}\dfrac{2}{\sqrt{1+\dfrac{1}{n}}+\sqrt{1-\dfrac{1}{n}}}=\mathbf{1}$ …**答**

　　　　　　　　　　　分母・分子をnで割る

(2) $\lim_{n\to\infty}\dfrac{1\cdot 2+2\cdot 3+3\cdot 4+\cdots+n(n+1)}{n^3}$ を求めよ。 (東京電機大)

分子 $=\sum_{k=1}^{n}k(k+1)=\sum_{k=1}^{n}(k^2+k)=\dfrac{1}{6}n(n+1)(2n+1)+\dfrac{1}{2}n(n+1)$

　　 $=\dfrac{1}{6}n(n+1)\{(2n+1)+3\}=\dfrac{1}{6}n(n+1)(2n+4)=\dfrac{1}{3}n(n+1)(n+2)$

与式 $=\lim_{n\to\infty}\left\{\dfrac{1}{3}\cdot\dfrac{n(n+1)(n+2)}{n^3}\right\}=\lim_{n\to\infty}\dfrac{1}{3}\cdot 1\cdot\left(1+\dfrac{1}{n}\right)\left(1+\dfrac{2}{n}\right)=\dfrac{1}{3}$ …**答**

14 座標平面上に3点 A(2, 5), B(1, 3), P_1(5, 1) をとる。まず，点P_1 と点 A を結ぶ線分の中点を Q_1，点 Q_1 と点 B を結ぶ線分の中点を P_2 とする。次に，点 P_2 と点 A を結ぶ線分の中点を Q_2，点 Q_2 と点 B を結ぶ線分の中点を P_3 とする。以下同様に繰り返し，点 P_n と点 A を結ぶ線分の中点を Q_n，点 Q_n と点 B を結ぶ線分の中点を P_{n+1} ($n=1, 2, 3, \cdots$) とする。点 P_n の x 座標を a_n とするとき，a_n を n の式で表し，$\lim_{n\to\infty}a_n$ を求めよ。 (信州大)

Q_n の x 座標を b_n とおくと　$b_n=\dfrac{a_n+2}{2}$

また　$a_{n+1}=\dfrac{b_n+1}{2}=\dfrac{\dfrac{a_n+2}{2}+1}{2}$

したがって　$a_{n+1}=\dfrac{1}{4}a_n+1$　($a_1=5$)

$\alpha=\dfrac{1}{4}\alpha+1$ を解いて，$\alpha=\dfrac{4}{3}$ より　$a_{n+1}-\dfrac{4}{3}=\dfrac{1}{4}\left(a_n-\dfrac{4}{3}\right)$

数列 $\left\{a_n-\dfrac{4}{3}\right\}$ は初項 $a_1-\dfrac{4}{3}=5-\dfrac{4}{3}=\dfrac{11}{3}$，公比 $\dfrac{1}{4}$ の等比数列

だから　$a_n-\dfrac{4}{3}=\dfrac{11}{3}\left(\dfrac{1}{4}\right)^{n-1}$

よって　$a_n=\dfrac{11}{3}\left(\dfrac{1}{4}\right)^{n-1}+\dfrac{4}{3}$ …**答**

また　$\lim_{n\to\infty}a_n=\lim_{n\to\infty}\left\{\dfrac{11}{3}\left(\dfrac{1}{4}\right)^{n-1}+\dfrac{4}{3}\right\}=\dfrac{4}{3}$ …**答**

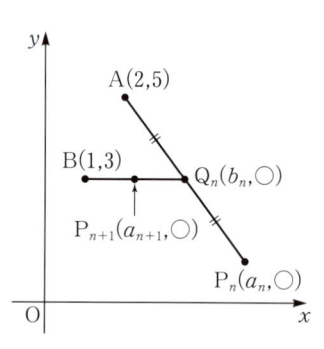

15 次の問いに答えよ。

(1) $\lim_{x \to 0} \dfrac{1-\cos x}{x^2}$ を求めよ。　　　　　　　　　　　　　　　　　　　　　　　　（広島市大）

$$\lim_{x \to 0} \dfrac{1-\cos x}{x^2} = \lim_{x \to 0} \dfrac{(1-\cos x)(1+\cos x)}{x^2(1+\cos x)} = \lim_{x \to 0} \dfrac{\sin^2 x}{x^2(1+\cos x)}$$

$$= \lim_{x \to 0} \left(\dfrac{\sin x}{x}\right)^2 \cdot \dfrac{1}{1+\cos x} = 1^2 \cdot \dfrac{1}{1+1} = \dfrac{1}{2} \quad \cdots \text{答}$$

(2) $\lim_{x \to 3} \dfrac{\sqrt{x+k}-3}{x-3}$ が有限な値になるように定数 k の値を定め，その極限値を求めよ。　　（岩手大）

$x \to 3$ のとき，分母 $x-3 \to 0$ だから，有限な値をもつには　分子 $\to 0$

よって，$\lim_{x \to 3}(\sqrt{x+k}-3) = \sqrt{3+k}-3 = 0$ より　　$k = 6$ 　　…答

$$\lim_{x \to 3} \dfrac{\sqrt{x+6}-3}{x-3} = \lim_{x \to 3} \dfrac{(\sqrt{x+6}-3)(\sqrt{x+6}+3)}{(x-3)(\sqrt{x+6}+3)} = \lim_{x \to 3} \dfrac{x-3}{(x-3)(\sqrt{x+6}+3)} = \lim_{x \to 3} \dfrac{1}{\sqrt{x+6}+3} = \dfrac{1}{6} \quad \cdots \text{答}$$

16 半径 1 の円を C_1 とし，C_1 に内接する正三角形を A_1 とする。さらに，A_1 に内接する円を C_2，C_2 に内接する正三角形を A_2 とし，同様にして次々に，円 C_3，正三角形 A_3，円 C_4，正三角形 A_4，…を作る。　　　　　　　　　　　　　　　　　　　　　　　　　　　　　　　　　　　　（奈良女子大）

(1) A_1 の1辺の長さ l_1 および A_2 の1辺の長さ l_2 を求めよ。

C_1 の半径は1で，右の図の影の部分の直角三角形に着目すると

$l_1 = 2\cos 30° = \sqrt{3}$ 　…答

$l_2 = \dfrac{l_1}{2} = \dfrac{\sqrt{3}}{2}$ 　…答

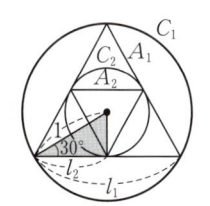

(2) 正の整数 n に対し，円 C_n の面積を S_n，正三角形 A_n の面積を T_n とする。S_n と T_n を求めよ。

円 C_n の半径を r_n とおくと，右の図より　　$r_{n+1} = \dfrac{1}{2}r_n$

$r_1 = 1$ より　$r_n = \left(\dfrac{1}{2}\right)^{n-1}$　　$S_n = \pi r_n^2 = \pi\left(\dfrac{1}{4}\right)^{n-1}$ 　…答

また，A_n の1辺の長さを l_n とすると　$l_n = \sqrt{3}\,r_n = \sqrt{3}\left(\dfrac{1}{2}\right)^{n-1}$

より　$T_n = \dfrac{1}{2} \cdot l_n^2 \sin 60° = \dfrac{1}{2}\left\{\sqrt{3}\left(\dfrac{1}{2}\right)^{n-1}\right\}^2 \cdot \dfrac{\sqrt{3}}{2} = \dfrac{3\sqrt{3}}{4}\left(\dfrac{1}{4}\right)^{n-1}$ 　…答

(3) (2)の S_n，T_n に対して $\sum_{n=1}^{\infty}(S_n - T_n)$ を求めよ。

$S_n - T_n = \left(\pi - \dfrac{3\sqrt{3}}{4}\right)\left(\dfrac{1}{4}\right)^{n-1}$ だから $\sum_{n=1}^{\infty}(S_n - T_n)$ は公比 $\dfrac{1}{4}$ の無限等比級数であり，収束して和を

もつ。したがって $\sum_{n=1}^{\infty}(S_n - T_n) = \dfrac{\pi - \dfrac{3\sqrt{3}}{4}}{1 - \dfrac{1}{4}} = \dfrac{4\pi - 3\sqrt{3}}{3}$ 　…答

Tea Time コッホ雪片

次のような図形を考える。
① 正三角形をかく。
② 正三角形の各辺の3等分点をもとに，外側に正三角形の山を作る。
③ できた図形の各辺の3等分点をもとに，外側に正三角形の山を作る。
⋮
以下，同様の作業を繰り返す。

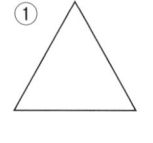

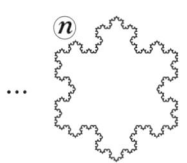

この作業を限りなく繰り返してできる図形をコッホ雪片という。上の方法の正三角形①の1辺の長さを a とするとき，図形 ⓝ の辺の数 e_n，まわりの長さ l_n，面積 S_n を考えてみよう。

〈辺の数〉

①の辺の数は $e_1 = 3$ で，1つ進むごとに辺の数は4倍になるので

$$e_n = 3 \cdot 4^{n-1} \quad (e_n = 4e_{n-1} \text{ より})$$

〈まわりの長さ〉

①の1辺の長さは，作業を進めるごとに $\frac{1}{3}$ 倍になる。1つ進めるごとに，まわりの長さは $\frac{1}{3} \cdot 4 = \frac{4}{3}$ 倍になるので

$$l_n = 3a\left(\frac{4}{3}\right)^{n-1} \quad \left(l_n = \frac{4}{3}l_{n-1} \text{ より}\right)$$

〈面積〉

①の面積は $S_1 = \frac{\sqrt{3}}{4}a^2$

$$S_2 = S_1 + \frac{1}{9}S_1 \cdot e_1$$

$$S_3 = S_2 + \left(\frac{1}{9}\right)^2 S_1 \cdot e_2$$

$$S_4 = S_3 + \left(\frac{1}{9}\right)^3 S_1 \cdot e_3$$

となるので

$$S_{n+1} = S_n + \left(\frac{1}{9}\right)^n S_1 \cdot e_n$$

つまり $S_{n+1} - S_n = \frac{1}{3}\left(\frac{4}{9}\right)^{n-1} S_1$

よって，$n \geq 2$ のとき

$$S_n = S_1 + \sum_{k=1}^{n-1} \frac{1}{3}\left(\frac{4}{9}\right)^{k-1} S_1$$

$$= S_1 + \frac{1}{3}S_1 \cdot \frac{1 - \left(\frac{4}{9}\right)^{n-1}}{1 - \frac{4}{9}}$$

$$= \left\{\frac{8}{5} - \frac{3}{5}\left(\frac{4}{9}\right)^{n-1}\right\} \cdot \frac{\sqrt{3}}{4}a^2$$

これは $n=1$ のときも成り立つので

$$S_n = \left\{\frac{8}{5} - \frac{3}{5}\left(\frac{4}{9}\right)^{n-1}\right\} \cdot \frac{\sqrt{3}}{4}a^2$$

このことから，極限を考えると

$$\lim_{n \to \infty} l_n = \infty$$

$$\lim_{n \to \infty} S_n = \frac{2\sqrt{3}}{5}a^2$$

となる。

コッホ雪片は，まわりの長さは無限大であるにもかかわらず，面積は一定の値をとる不思議な図形である。

➡ 問題 *p. 57*

1 微分可能と連続

90 ［関数の微分可能性］

a, b, c, d は実数とする。関数 $f(x) = \begin{cases} x-1 & (x \leq -1) \\ ax^2+bx+c & (-1 < x < 1) \\ d-2x & (1 \leq x) \end{cases}$ がすべての x で微分可能であるとき，$a = \boxed{}$, $d = \boxed{}$ である。

微分可能であるためには，少なくとも連続であるから，

$\lim_{x \to -1+0}(ax^2+bx+c) = f(-1)$ より $a-b+c = -2$ …①

$\lim_{x \to 1-0}(ax^2+bx+c) = f(1)$ より $a+b+c = d-2$ …②

また，<u>$x \neq \pm 1$ のとき</u> $f'(x) = \begin{cases} 1 & (x < -1) \\ 2ax+b & (-1 < x < 1) \\ -2 & (1 < x) \end{cases}$

まだ微分可能かどうかわからない

$x = -1$, 1 で微分可能であるためには

$\lim_{x \to -1+0}(2ax+b) = \lim_{x \to -1-0} 1$ より $-2a+b = 1$ …③

$\lim_{x \to 1-0}(2ax+b) = \lim_{x \to 1+0}(-2)$ より $2a+b = -2$ …④

③, ④より $a = -\dfrac{3}{4}$, $b = -\dfrac{1}{2}$　①, ②より $c = -\dfrac{7}{4}$, $d = -1$

圏 $a = -\dfrac{3}{4}$, $d = -1$

2 導関数の計算

91 ［定義による微分］

定義に従って，次の関数を微分せよ。

(1) $y = \sqrt{3x+2}$

$y' = \lim_{h \to 0} \dfrac{\sqrt{3(x+h)+2} - \sqrt{3x+2}}{h} = \lim_{h \to 0} \dfrac{3h}{h\{\sqrt{3(x+h)+2} + \sqrt{3x+2}\}}$ ← 分子の有理化

$= \lim_{h \to 0} \dfrac{3}{\sqrt{3(x+h)+2} + \sqrt{3x+2}} = \dfrac{3}{2\sqrt{3x+2}}$ …圏

(2) $y = \dfrac{x}{x-1}$

$y' = \lim_{h \to 0} \dfrac{\dfrac{x+h}{x+h-1} - \dfrac{x}{x-1}}{h} = \lim_{h \to 0} \dfrac{(x+h)(x-1) - x(x+h-1)}{h(x+h-1)(x-1)}$

$= \lim_{h \to 0} \dfrac{-h}{h(x+h-1)(x-1)} = \lim_{h \to 0} \dfrac{-1}{(x+h-1)(x-1)} = -\dfrac{1}{(x-1)^2}$ …圏

➡ 問題 *p. 58*

92 ［関数の積の導関数］
次の関数を微分せよ。

(1) $y=(2x+1)(x-1)$

$y'=2(x-1)+(2x+1)=\bm{4x-1}$ …㊃

(2) $y=(x^2+x-2)(x^2+1)$

$y'=(2x+1)(x^2+1)+(x^2+x-2)\cdot 2x=\bm{4x^3+3x^2-2x+1}$ …㊃

(3) $y=(x+1)(x+2)(x+3)$

$y'=(x+2)(x+3)+(x+1)(x+3)+(x+1)(x+2)=\bm{3x^2+12x+11}$ …㊃

93 ［関数の商の導関数］ テスト
次の関数を微分せよ。

(1) $y=\dfrac{x^2+1}{2x-1}$

$y'=\dfrac{2x(2x-1)-(x^2+1)\cdot 2}{(2x-1)^2}$

$=\dfrac{2(2x^2-x-x^2-1)}{(2x-1)^2}=\bm{\dfrac{2(x^2-x-1)}{(2x-1)^2}}$ …㊃

(2) $y=\dfrac{2x}{x^2-x+1}$

$y'=\dfrac{2(x^2-x+1)-2x(2x-1)}{(x^2-x+1)^2}$

$=\dfrac{2(x^2-x+1-2x^2+x)}{(x^2-x+1)^2}=\bm{-\dfrac{2(x^2-1)}{(x^2-x+1)^2}}$ …㊃

3　合成関数の導関数

94 ［合成関数の導関数(1)］
次の関数を微分せよ。

(1) $y=(3x+2)^4$

$y'=4(3x+2)^3\cdot 3=\bm{12(3x+2)^3}$ …㊃

(2) $y=\dfrac{1}{(2x-1)^3}$

$y'=\{(2x-1)^{-3}\}'=\dfrac{-3\cdot 2}{(2x-1)^4}=\bm{-\dfrac{6}{(2x-1)^4}}$ …㊃

95 ［合成関数の導関数(2)］ テスト
次の関数を微分せよ。

(1) $y=\sqrt{3-2x}$

$3-2x=u$ とおくと $y=\sqrt{u}=u^{\frac{1}{2}}$

$\dfrac{dy}{dx}=\dfrac{1}{2}u^{-\frac{1}{2}}\cdot\dfrac{du}{dx}=\dfrac{1}{2}\cdot\dfrac{1}{\sqrt{3-2x}}\cdot(-2)=\bm{-\dfrac{1}{\sqrt{3-2x}}}$ …㊃

48　4章　微分法とその応用

(2) $y = \dfrac{1}{\sqrt{x^2+x+1}}$

$x^2+x+1 = u$ とおくと $y = \dfrac{1}{\sqrt{u}} = u^{-\frac{1}{2}}$

$\dfrac{dy}{dx} = -\dfrac{1}{2} u^{-\frac{3}{2}} \cdot \dfrac{du}{dx} = -\dfrac{1}{2} \cdot \dfrac{2x+1}{(\sqrt{x^2+x+1})^3} = -\dfrac{2x+1}{2(x^2+x+1)\sqrt{x^2+x+1}}$ …答

4 逆関数の導関数

96 [逆関数の導関数]
次の関数について, $\dfrac{dy}{dx}$ を y の式で表せ。

(1) $x = 2y^2 + 3y$

$\dfrac{dx}{dy} = 4y+3$ より $\dfrac{dy}{dx} = \dfrac{1}{4y+3}$ …答

(2) $y^2 = 4x$

$x = \dfrac{y^2}{4}$ より $\dfrac{dx}{dy} = \dfrac{2y}{4} = \dfrac{1}{2}y$ したがって $\dfrac{dy}{dx} = \dfrac{2}{y}$ …答

5 三角関数の導関数

97 [三角関数の導関数] 必修 テスト
次の関数を微分せよ。

(1) $y = \cos(x^2+x+1)$

$x^2+x+1 = u$ とおくと $y = \cos u$

$\dfrac{dy}{dx} = -\sin u \cdot \dfrac{du}{dx} = -(2x+1)\sin(x^2+x+1)$ …答

(2) $y = \sin^3 x \cos^2 x$

$y' = (\sin^3 x)' \cdot \cos^2 x + \sin^3 x \cdot (\cos^2 x)'$
$= 3\sin^2 x \cdot (\sin x)' \cdot \cos^2 x + \sin^3 x \cdot 2\cos x \cdot (\cos x)'$
$= 3\sin^2 x \cos^3 x - 2\sin^4 x \cos x$ …答

(3) $y = \dfrac{\tan x}{\sin x + 2}$

$y' = \dfrac{(\tan x)'(\sin x+2) - \tan x(\sin x+2)'}{(\sin x+2)^2} = \dfrac{\dfrac{1}{\cos^2 x}(\sin x+2) - \tan x \cos x}{(\sin x+2)^2}$

$= \dfrac{\sin x + 2 - \sin x \cos^2 x}{\cos^2 x (\sin x + 2)^2}$ …答

4章 微分法とその応用

➡ 問題 p. 60

6　対数関数の導関数

98 ［対数関数の導関数］ テスト
次の関数を微分せよ。

(1) $y = \log_2 3x$

$$y' = \frac{1}{3x \log 2}(3x)' = \frac{1}{x \log 2} \quad \cdots 答$$

(2) $y = \{\log(2x-1)\}^3$

$\log(2x-1) = u$ とおくと　$y = u^3$

$$\frac{dy}{dx} = 3u^2 \cdot \frac{du}{dx} = 3 \cdot \{\log(2x-1)\}^2 \cdot \frac{2}{2x-1} = \frac{6}{2x-1}\{\log(2x-1)\}^2 \quad \cdots 答$$

(3) $y = \dfrac{\log x}{x^2}$

$$y' = \frac{(\log x)' \cdot x^2 - \log x \cdot (x^2)'}{x^4} = \frac{\frac{1}{x} \cdot x^2 - 2x \cdot \log x}{x^4} = \frac{1 - 2\log x}{x^3} \quad \cdots 答$$

99 ［対数微分法］
次の関数を微分せよ。

(1) $y = \dfrac{x+1}{(x+2)^2(x+3)^3}$

両辺の絶対値の対数をとると　$\log|y| = \log|x+1| - 2\log|x+2| - 3\log|x+3|$

両辺を x で微分すると　$\dfrac{y'}{y} = \dfrac{1}{x+1} - \dfrac{2}{x+2} - \dfrac{3}{x+3} = \dfrac{-4x^2 - 12x - 6}{(x+1)(x+2)(x+3)}$

よって　$y' = \dfrac{x+1}{(x+2)^2(x+3)^3} \cdot \dfrac{-2(2x^2+6x+3)}{(x+1)(x+2)(x+3)} = -\dfrac{2(2x^2+6x+3)}{(x+2)^3(x+3)^4} \quad \cdots 答$

(2) $y = x^{\frac{1}{x}} \ (x > 0)$

$y > 0$ より，両辺の対数をとり，x で微分する。

$\log y = \dfrac{1}{x} \log x = \dfrac{\log x}{x}$

$\dfrac{y'}{y} = \dfrac{\frac{1}{x} \cdot x - \log x}{x^2} = \dfrac{1 - \log x}{x^2}$

よって　$y' = x^{\frac{1}{x}} \cdot \dfrac{1 - \log x}{x^2} = x^{\frac{1}{x} - 2}(1 - \log x) \quad \cdots 答$

7　指数関数の導関数

100　[指数関数の導関数]
次の関数を微分せよ。

(1) $y=e^{x^2}$

$y'=e^{x^2}\cdot(x^2)'=\boldsymbol{2xe^{x^2}}$ …答

(2) $y=3^{-2x+1}$

$-2x+1=u$ とおくと　$y=3^u$　$\dfrac{dy}{dx}=3^u\cdot\log 3\cdot\dfrac{du}{dx}=\boldsymbol{-2\cdot 3^{-2x+1}\log 3}$ …答

(3) $y=e^{-x}(\sin x+\cos x)$

$y'=-e^{-x}(\sin x+\cos x)+e^{-x}(\cos x-\sin x)=\boldsymbol{-2e^{-x}\sin x}$ …答

8　高次導関数

101　[等式の証明]
関数 $y=\sin x+\cos x$ について，$y'''+y''+y'+y=0$ を証明せよ。

$y=\sin x+\cos x$ のとき　$y'=\cos x-\sin x$

$y''=-\sin x-\cos x,\ y'''=-\cos x+\sin x$

よって　左辺$=y'''+y''+y'+y$
$\qquad\qquad =(-\cos x+\sin x)+(-\sin x-\cos x)+(\cos x-\sin x)+(\sin x+\cos x)=0$

したがって　$\boldsymbol{y'''+y''+y'+y=0}$　終

102　[第 n 次導関数]
次の関数の第 n 次導関数を求めよ。

(1) $y=\cos x$

$y'=-\sin x,\ y''=-\cos x,\ y'''=\sin x,\ y^{(4)}=\cos x,$

$y^{(5)}=-\sin x,\ y^{(6)}=-\cos x,\ \cdots$ より

答 $\begin{cases} n=4k-3 \text{ のとき}\ \ \boldsymbol{y^{(n)}=-\sin x} \\ n=4k-2 \text{ のとき}\ \ \boldsymbol{y^{(n)}=-\cos x} \\ n=4k-1 \text{ のとき}\ \ \boldsymbol{y^{(n)}=\sin x} \\ n=4k \text{ のとき}\ \ \boldsymbol{y^{(n)}=\cos x} \end{cases}$　（k は自然数）　← $y^{(n)}=\cos\left(x+\dfrac{n\pi}{2}\right)$ でもよい

(2) $y=\log x$

$y'=\dfrac{1}{x},\ y''=-\dfrac{1}{x^2},\ y'''=\dfrac{2}{x^3},\ y^{(4)}=-\dfrac{2\cdot 3}{x^4},\ \cdots$ より　$\boldsymbol{y^{(n)}=(-1)^{n-1}\dfrac{(n-1)!}{x^n}}$ …答

➡ 問題 *p. 62*

103 ［関数 $F(x, y)=0$ の導関数］ テスト

次の式で与えられる x の関数 y の導関数 $\dfrac{dy}{dx}$ を x と y で表せ。

(1) $\dfrac{x^2}{9} - \dfrac{y^2}{4} = 1$

$\dfrac{2x}{9} - \dfrac{2y}{4} \cdot \dfrac{dy}{dx} = 0 \qquad \dfrac{dy}{dx} = \dfrac{4x}{9y} \quad (y \neq 0 \text{ のとき})\quad \cdots\boxed{答}$

(2) $xy = 1$

$y + x \cdot \dfrac{dy}{dx} = 0 \qquad \dfrac{dy}{dx} = -\dfrac{y}{x} \quad (x \neq 0 \text{ のとき})\quad \cdots\boxed{答}$

9　媒介変数で表された関数の導関数

104 ［媒介変数表示された関数の導関数］

次の関数について，$\dfrac{dy}{dx}$ を媒介変数 t で表せ。

(1) $x = \dfrac{1}{\cos t}$, $y = \tan t$

$\dfrac{dx}{dt} = \dfrac{\sin t}{\cos^2 t} \qquad \dfrac{dy}{dt} = \dfrac{1}{\cos^2 t} \qquad \text{したがって} \qquad \dfrac{dy}{dx} = \dfrac{1}{\sin t} \quad \cdots\boxed{答}$

(2) $x = \dfrac{1-t^2}{1+t^2}$, $y = \dfrac{2t}{1+t^2}$

$\underline{\dfrac{dx}{dt} = \dfrac{-4t}{(1+t^2)^2}} \qquad \dfrac{dy}{dt} = \dfrac{2(1-t^2)}{(1+t^2)^2} \qquad \text{したがって} \qquad \dfrac{dy}{dx} = -\dfrac{1-t^2}{2t} \quad \cdots\boxed{答}$

　　$x = \dfrac{2}{1+t^2} - 1$ と変形して微分すると，$\dfrac{dx}{dt}$ が簡単に求められる。

10　接線と法線

105 ［接線と法線］ 必修 テスト

曲線 $y = \dfrac{2x+1}{x-1}$ 上の点 $(2, 5)$ における，接線と法線の方程式を求めよ。

$f(x) = \dfrac{2x+1}{x-1}$ とおくと，$f'(x) = \dfrac{-3}{(x-1)^2}$

よって　$f'(2) = -3$

接線の方程式は　$y - 5 = -3(x-2) \iff y = -3x + 11 \quad \cdots\boxed{答}$

法線の方程式は　$y - 5 = \dfrac{1}{3}(x-2) \iff y = \dfrac{1}{3}x + \dfrac{13}{3} \quad \cdots\boxed{答}$

106 ［曲線外の点を通る接線］ テスト
点 $(0, 1)$ から曲線 $y=\log 2x$ に引いた接線の方程式と接点の座標を求めよ。

曲線 $y=\log 2x$ 上の接点を $(t, \log 2t)$ とする。

$y'=\dfrac{2}{2x}=\dfrac{1}{x}$ より，接線の方程式は $y-\log 2t=\dfrac{1}{t}(x-t)$ …①

直線①が点 $(0, 1)$ を通るから $1-\log 2t=-1 \iff \log 2t=2$ より $t=\dfrac{1}{2}e^2$

したがって，**接点の座標は** $\left(\dfrac{1}{2}e^2, 2\right)$ …㊤

接線の方程式は $y-2=\dfrac{2}{e^2}\left(x-\dfrac{1}{2}e^2\right)$ より $\boldsymbol{y=\dfrac{2}{e^2}x+1}$ …㊤

　　　　　　　　　　$y'=\dfrac{1}{x}$ に $x=\dfrac{1}{2}e^2$ を代入

107 ［媒介変数表示された曲線の接線と法線］
曲線 $x=\cos^3\theta$，$y=\sin^3\theta$ 上で，$\theta=\dfrac{\pi}{6}$ に対応する点における接線と法線の方程式を求めよ。

$\dfrac{dx}{d\theta}=-3\cos^2\theta\sin\theta$，$\dfrac{dy}{d\theta}=3\sin^2\theta\cos\theta$ より

$\dfrac{dy}{dx}=\dfrac{\dfrac{dy}{d\theta}}{\dfrac{dx}{d\theta}}=-\dfrac{\sin\theta}{\cos\theta}=-\tan\theta$

$\theta=\dfrac{\pi}{6}$ のとき，$x=\cos^3\dfrac{\pi}{6}=\dfrac{3\sqrt{3}}{8}$，$y=\dfrac{1}{8}$，$\dfrac{dy}{dx}=-\dfrac{1}{\sqrt{3}}$ より

接線の方程式は $y-\dfrac{1}{8}=-\dfrac{1}{\sqrt{3}}\left(x-\dfrac{3\sqrt{3}}{8}\right)$ よって $\boldsymbol{y=-\dfrac{\sqrt{3}}{3}x+\dfrac{1}{2}}$ …㊤

法線の方程式は $y-\dfrac{1}{8}=\sqrt{3}\left(x-\dfrac{3\sqrt{3}}{8}\right)$ よって $\boldsymbol{y=\sqrt{3}x-1}$ …㊤

➡ 問題 *p. 64*

108 ［双曲線の接線］
双曲線 $\dfrac{x^2}{a^2} - \dfrac{y^2}{b^2} = 1$ 上の点 (x_1, y_1) における接線の方程式を求めよ。

$\dfrac{x^2}{a^2} - \dfrac{y^2}{b^2} = 1$ の両辺を x で微分すると

$\dfrac{2x}{a^2} - \dfrac{2y}{b^2} \cdot \dfrac{dy}{dx} = 0$

(i) $y \neq 0$ のとき，$\dfrac{dy}{dx} = \dfrac{b^2 x}{a^2 y}$ だから

双曲線上の点 (x_1, y_1) における接線の傾きは $\dfrac{b^2 x_1}{a^2 y_1}$

よって，求める接線の方程式は

$y - y_1 = \dfrac{b^2 x_1}{a^2 y_1}(x - x_1)$

両辺に $\dfrac{y_1}{b^2}$ を掛けて

$\dfrac{y_1 y}{b^2} - \dfrac{y_1^2}{b^2} = \dfrac{x_1 x}{a^2} - \dfrac{x_1^2}{a^2}$

移項して $\dfrac{x_1 x}{a^2} - \dfrac{y_1 y}{b^2} = \dfrac{x_1^2}{a^2} - \dfrac{y_1^2}{b^2}$

ここで，(x_1, y_1) は双曲線上の点だから $\dfrac{x_1^2}{a^2} - \dfrac{y_1^2}{b^2} = 1$

よって，接線の方程式は $\dfrac{x_1 x}{a^2} - \dfrac{y_1 y}{b^2} = 1$ …①

(ii) $y = 0$ のとき，接点の座標は $(\pm a, 0)$ で接線は y 軸に平行となる。

よって，接線の方程式は $x = \pm a$

これは，$x_1 = \pm a$，$y_1 = 0$ としたときの①である。

(i), (ii)より，求める接線の方程式は $\dfrac{x_1 x}{a^2} - \dfrac{y_1 y}{b^2} = 1$ …圏

109 ［曲線 $x^\alpha + y^\alpha = 1$ の接線の方程式］
曲線 $x^{\frac{1}{3}} + y^{\frac{1}{3}} = 1$ 上の点 (x_1, y_1) における接線の方程式を求めよ。（ただし，$x_1 y_1 \neq 0$）

$x^{\frac{1}{3}} + y^{\frac{1}{3}} = 1$ の両辺を x で微分すると，

$\dfrac{1}{3} x^{-\frac{2}{3}} + \dfrac{1}{3} y^{-\frac{2}{3}} \dfrac{dy}{dx} = 0$ より $\dfrac{dy}{dx} = -\dfrac{x^{-\frac{2}{3}}}{y^{-\frac{2}{3}}} = -\dfrac{y^{\frac{2}{3}}}{x^{\frac{2}{3}}} = -\left(\dfrac{y}{x}\right)^{\frac{2}{3}}$

よって，接線の方程式は

$y - y_1 = -\left(\dfrac{y_1}{x_1}\right)^{\frac{2}{3}}(x - x_1) \iff y = -\left(\dfrac{y_1}{x_1}\right)^{\frac{2}{3}} x + x_1^{\frac{1}{3}} y_1^{\frac{2}{3}} + y_1 = -\left(\dfrac{y_1}{x_1}\right)^{\frac{2}{3}} x + y_1^{\frac{2}{3}} \underline{(x_1^{\frac{1}{3}} + y_1^{\frac{1}{3}})}_{=1}$

したがって $\boldsymbol{y = -\left(\dfrac{y_1}{x_1}\right)^{\frac{2}{3}} x + y_1^{\frac{2}{3}}}$ …圏 ← 変形して $\dfrac{x}{x_1^{\frac{2}{3}}} + \dfrac{y}{y_1^{\frac{2}{3}}} = 1$ としてもよい

11 平均値の定理

110 ［平均値の定理の利用］ テスト
次の問いに答えよ。

(1) $x>0$ のとき，不等式 $1<\dfrac{e^x-1}{x}<e^x$ を示せ。

$f(x)=e^x$ とおき，平均値の定理を利用すると，

$\dfrac{e^x-1}{x}=\dfrac{f(x)-f(0)}{x}=f'(c)=e^c$ すなわち，$\dfrac{e^x-1}{x}=e^c$ $(0<c<x)$ を満たす c が存在する。

（$1=e^0$，$f'(x)=e^x$）

$0<c<x$ より $1<e^c<e^x$

よって，$1<\dfrac{e^x-1}{x}<e^x$ が成り立つ。 終

(2) $\displaystyle\lim_{x\to+0}\dfrac{e^x-1}{x}$ を求めよ。

$1<\dfrac{e^x-1}{x}<e^x$ であり $\displaystyle\lim_{x\to+0}e^x=1$

よって，はさみうちの原理により $\displaystyle\lim_{x\to+0}\dfrac{e^x-1}{x}=1$ …答

12 関数の値の増減

111 ［関数の値の増減と極値(1)］
次の関数について，増減を調べ，極値を求めよ。

$y=\dfrac{x^2+2x+1}{x-1}$

$y=x+3+\dfrac{4}{x-1}$ $y'=1-\dfrac{4}{(x-1)^2}=\dfrac{(x+1)(x-3)}{(x-1)^2}$

x	…	-1	…	1	…	3	…
y'	$+$	0	$-$	/	$-$	0	$+$
y	↗	0	↘	/	↘	8	↗

極大値 0 $(x=-1)$
極小値 8 $(x=3)$ …答

➡ 問題 p.66

112 [関数の値の増減と極値(2)] 必修 テスト
次の関数について，増減を調べ，極値を求めよ．

(1) $y = \cos x + \cos^2 x \quad (0 \leq x \leq 2\pi)$

$y' = -\sin x + 2\cos x(-\sin x)$
$= -\sin x(2\cos x + 1)$

$y' = 0$ となる x は $x = 0, \ \dfrac{2}{3}\pi, \ \pi, \ \dfrac{4}{3}\pi, \ 2\pi$

　　　　　　　　　　　　　　$\sin x = 0, \ \cos x = -\dfrac{1}{2}$

x	0	$\cdots$	$\dfrac{2}{3}\pi$	$\cdots$	π	$\cdots$	$\dfrac{4}{3}\pi$	$\cdots$	2π
y'	0	$-$	0	$+$	0	$-$	0	$+$	0
y	2	↘	$-\dfrac{1}{4}$	↗	0	↘	$-\dfrac{1}{4}$	↗	2
			極小		極大		極小		

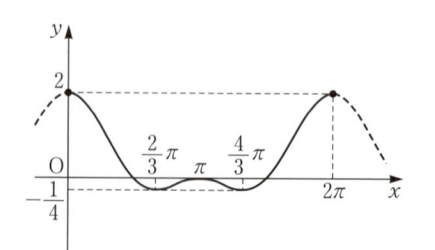

極大値 $0 \ (x = \pi)$
極小値 $-\dfrac{1}{4} \ \left(x = \dfrac{2}{3}\pi, \ \dfrac{4}{3}\pi\right)$ $\Bigg\}$ …答

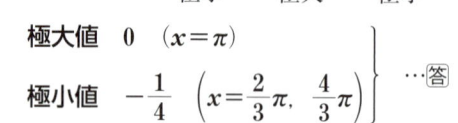

(2) $y = \cos 2x + 2\sin x \quad (0 \leq x \leq 2\pi)$

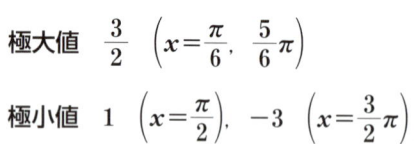

$y' = -2\sin 2x + 2\cos x = -4\sin x \cos x + 2\cos x = -2\cos x(2\sin x - 1)$

$y' = 0$ となる x は $x = \dfrac{\pi}{6}, \ \dfrac{\pi}{2}, \ \dfrac{5}{6}\pi, \ \dfrac{3}{2}\pi$

　　　　　　　　　　　　　　$\cos x = 0, \ \sin x = \dfrac{1}{2}$

x	0	$\cdots$	$\dfrac{\pi}{6}$	$\cdots$	$\dfrac{\pi}{2}$	$\cdots$	$\dfrac{5}{6}\pi$	$\cdots$	$\dfrac{3}{2}\pi$	$\cdots$	2π
y'		$+$	0	$-$	0	$+$	0	$-$	0	$+$	
y	1	↗	$\dfrac{3}{2}$	↘	1	↗	$\dfrac{3}{2}$	↘	-3	↗	1
			極大		極小		極大		極小		

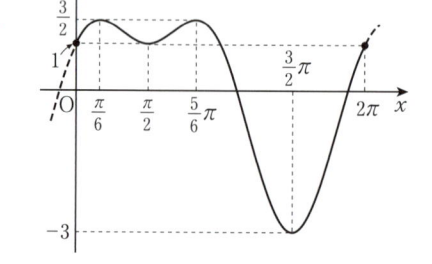

極大値 $\dfrac{3}{2} \ \left(x = \dfrac{\pi}{6}, \ \dfrac{5}{6}\pi\right)$
極小値 $1 \ \left(x = \dfrac{\pi}{2}\right), \ -3 \ \left(x = \dfrac{3}{2}\pi\right)$ $\Bigg\}$ …答

113 [関数の値の増減と極値(3)] テスト
次の関数について,増減を調べ,極値を求めよ。

(1) $y=x^2e^{-x}$

$y'=2xe^{-x}-x^2e^{-x}=x(2-x)e^{-x}$

$y'=0$ となる x は $x=0, 2$

x	$\cdots$	0	$\cdots$	2	$\cdots$
y'	$-$	0	$+$	0	$-$
y	$\searrow$	0	$\nearrow$	$\dfrac{4}{e^2}$	$\searrow$
		極小		極大	

極大値 $\dfrac{4}{e^2}$ $(x=2)$
極小値 0 $(x=0)$ $\Bigg\}$ …答

(2) $y=\log(2-x^2)$

真数は正より,$2-x^2>0$ だから定義域は
$-\sqrt{2}<x<\sqrt{2}$

また $y'=\dfrac{-2x}{2-x^2}$

$y'=0$ となるのは $x=0$

x	$-\sqrt{2}$	$\cdots$	0	$\cdots$	$\sqrt{2}$
y'		$+$	0	$-$	
y	$-\infty$	$\nearrow$	$\log 2$	$\searrow$	$-\infty$
			極大		

極大値 $\log 2$ $(x=0)$
極小値 なし $\Bigg\}$ …答

114 [極値をもつ条件]
関数 $f(x)=(x+a)e^{2x^2}$ が極値をもつように,定数 a の値の範囲を定めよ。

$f'(x)=e^{2x^2}+4x(x+a)e^{2x^2}$
$\qquad =(4x^2+4ax+1)e^{2x^2}$

$4x^2+4ax+1=0$ の判別式を D とする。

$e^{2x^2}>0$ より,$D>0$ のとき,$4x^2+4ax+1=0$ は異なる2つの実数解 α, β をもち,その前後で $f'(x)$ の符号が変わるから,関数 $f(x)$ は極値をもつ。

$\dfrac{D}{4}=4a^2-4=4(a+1)(a-1)$ であるから,$D>0$ となるのは

$a<-1, 1<a$ …答

→ 問題 p. 68

115 [関数の最大・最小] テスト

関数 $f(x) = 2\sin x + \sin 2x$ $(0 \leq x \leq 2\pi)$ について，

(1) $f(x)$ の増減を調べ，そのグラフをかけ。

$$f'(x) = 2\cos x + 2\cos 2x = 2\cos x + 2(2\cos^2 x - 1)$$
$$= 2(2\cos^2 x + \cos x - 1) = 2(2\cos x - 1)(\cos x + 1)$$

x	0	$\cdots$	$\dfrac{\pi}{3}$	$\cdots$	π	$\cdots$	$\dfrac{5}{3}\pi$	$\cdots$	2π
$f'(x)$		$+$	0	$-$	0	$-$	0	$+$	
$f(x)$	0	↗	$\dfrac{3\sqrt{3}}{2}$	↘	0	↘	$-\dfrac{3\sqrt{3}}{2}$	↗	0

↑ $\cos x = \dfrac{1}{2}$ ↑ $\cos x = -1$ ↑ $\cos x = \dfrac{1}{2}$

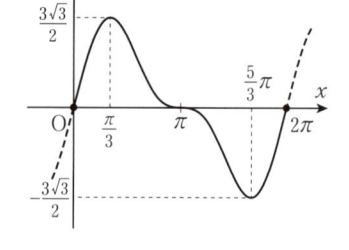

(2) $f(x)$ の最大値，最小値を求めよ。

グラフより

$$\left.\begin{array}{l} \text{最大値}\quad \dfrac{3\sqrt{3}}{2}\quad \left(x = \dfrac{\pi}{3}\right) \\ \text{最小値}\quad -\dfrac{3\sqrt{3}}{2}\quad \left(x = \dfrac{5}{3}\pi\right) \end{array}\right\} \cdots \text{答}$$

13 第2次導関数の応用

116 [関数のグラフ]

関数 $f(x) = \dfrac{\log x}{x}$ の極値，グラフの凹凸，変曲点を調べ，グラフをかけ。

$\left(\text{ただし，}\displaystyle\lim_{x \to \infty}\dfrac{\log x}{x} = 0 \text{ を用いてもよい。}\right)$

定義域は $x > 0$

$f'(x) = \dfrac{1 - \log x}{x^2}$

極大値 $\dfrac{1}{e}$ $(x = e)$ …答

x	0	$\cdots$	e	$\cdots$	∞
$f'(x)$		$+$	0	$-$	
$f(x)$	$-\infty$	↗	$\dfrac{1}{e}$	↘	0

極大

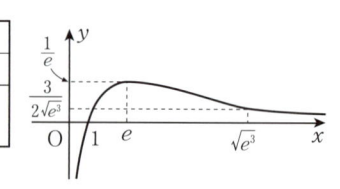

$f''(x) = \dfrac{-x - (1 - \log x) \cdot 2x}{x^4}$

$= \dfrac{2\log x - 3}{x^3}$

変曲点 $\left(\sqrt{e^3},\ \dfrac{3}{2\sqrt{e^3}}\right)$ …答

x	0	$\cdots$	$\sqrt{e^3}$	$\cdots$
$f''(x)$		$-$	0	$+$
$f(x)$		⌢	$\dfrac{3}{2\sqrt{e^3}}$	⌣

↑ 上に凸 ↑ 下に凸

117 [グラフの凹凸] テスト

関数 $f(x)=e^{-x}\cos x$ $(0\leq x\leq 2\pi)$ について，次の問いに答えよ。

(1) 関数 $f(x)$ の増減を調べ，極値を求めよ。

$$f'(x)=(e^{-x})'\cos x+e^{-x}(\cos x)'=-e^{-x}(\sin x+\cos x)=-\sqrt{2}e^{-x}\sin\left(x+\frac{\pi}{4}\right)$$

x	0	$\cdots$	$\frac{3}{4}\pi$	$\cdots$	$\frac{7}{4}\pi$	$\cdots$	2π
$f'(x)$		$-$	0	$+$	0	$-$	
$f(x)$	1	↘	$-\frac{\sqrt{2}}{2}e^{-\frac{3}{4}\pi}$	↗	$\frac{\sqrt{2}}{2}e^{-\frac{7}{4}\pi}$	↘	$e^{-2\pi}$

極小　　極大

極大値 $\frac{\sqrt{2}}{2}e^{-\frac{7}{4}\pi}$ $\left(x=\frac{7}{4}\pi\right)$

極小値 $-\frac{\sqrt{2}}{2}e^{-\frac{3}{4}\pi}$ $\left(x=\frac{3}{4}\pi\right)$ …答

(2) 曲線 $y=f(x)$ の凹凸を調べ，変曲点の座標を求めよ。

$f''(x)=-(e^{-x})'(\sin x+\cos x)-e^{-x}(\sin x+\cos x)'$
$=e^{-x}(\sin x+\cos x)-e^{-x}(\cos x-\sin x)=2e^{-x}\sin x$

x	0	$\cdots$	π	$\cdots$	2π
$f''(x)$	0	$+$	0	$-$	0
$f(x)$	1	⌣	$-e^{-\pi}$	⌢	$e^{-2\pi}$

上に凸　変曲点　下に凸

変曲点 $(\pi,\ -e^{-\pi})$ …答

118 [第2次導関数と極大・極小の判定]

関数 $y=2\sin^2 x-x$ $(0\leq x\leq\pi)$ について，第2次導関数を利用して極大・極小を判定せよ。

$f(x)=2\sin^2 x-x$ とおく。

$f'(x)=4\sin x\cos x-1=2\sin 2x-1$

$f'(x)=0$ となるのは，$\sin 2x=\frac{1}{2}$ $(0\leq 2x\leq 2\pi)$ のときだから，

$2x=\frac{\pi}{6},\ \frac{5}{6}\pi$ より $x=\frac{\pi}{12},\ \frac{5}{12}\pi$

また $f''(x)=4\cos 2x$

$f''\left(\frac{\pi}{12}\right)=4\cos\frac{\pi}{6}=4\cdot\frac{\sqrt{3}}{2}=2\sqrt{3}>0$ より，$x=\frac{\pi}{12}$ で極小 …答

$f''\left(\frac{5}{12}\pi\right)=4\cos\frac{5}{6}\pi=4\cdot\left(-\frac{\sqrt{3}}{2}\right)=-2\sqrt{3}<0$ より，$x=\frac{5}{12}\pi$ で極大 …答

→ 問題 p.70

14 グラフのかき方

119 [関数のグラフ(1)]
関数 $y=x+\sqrt{4-x^2}$ のグラフをかけ。

定義域は $4-x^2 \geq 0$ より $-2 \leq x \leq 2$

$y'=1-\dfrac{x}{\sqrt{4-x^2}}=\dfrac{\sqrt{4-x^2}-x}{\sqrt{4-x^2}}$ より, $y'=0$ とすると $\sqrt{4-x^2}=x$

$x<0$ のとき, 解なし。

$x \geq 0$ のとき, 両辺を2乗して, $4-x^2=x^2$ より $x=\pm\sqrt{2}$ $x \geq 0$ より $x=\sqrt{2}$

また $y''=-\dfrac{\sqrt{4-x^2}-x\cdot\dfrac{-x}{\sqrt{4-x^2}}}{4-x^2}=-\dfrac{4}{(4-x^2)\sqrt{4-x^2}}$ ← y'' は常に負

増減表を作成する。

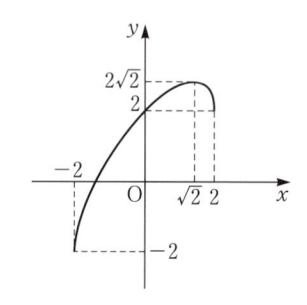

x	-2	$\cdots$	$\sqrt{2}$	$\cdots$	2
y'		$+$	0	$-$	
y''		$-$	$-$	$-$	
y	-2	↗	$2\sqrt{2}$ 極大	↘	2

120 [関数のグラフ(2)]
関数 $f(x)=\dfrac{x^2}{x-1}$ の増減, 極値, グラフの凹凸および変曲点を調べて, その概形をかけ。また漸近線の方程式を求めよ。

$f(x)=\dfrac{x^2}{x-1}=x+1+\dfrac{1}{x-1}$ （定義域は $x \neq 1$）

$f'(x)=1-\dfrac{1}{(x-1)^2}=\dfrac{(x-1)^2-1}{(x-1)^2}=\dfrac{x(x-2)}{(x-1)^2}$

$f''(x)=\dfrac{2(x-1)}{(x-1)^4}=\dfrac{2}{(x-1)^3}$

増減表を作成する。

x	$-\infty$	$\cdots$	0	$\cdots$	1	$\cdots$	2	$\cdots$	∞
$f'(x)$		$+$	0	$-$		$-$	0	$+$	
$f''(x)$		$-$	$-$	$-$		$+$	$+$	$+$	
$f(x)$	$-\infty$	↗	0 極大	↘	$-\infty$ ∞	↘	4 極小	↗	∞

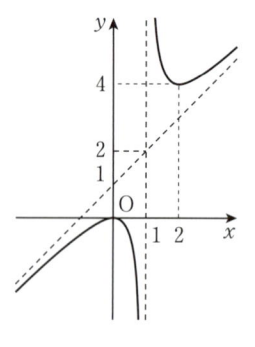

$y-(x+1)=\dfrac{1}{x-1}$ であり, $\lim\limits_{x\to\infty}\dfrac{1}{x-1}=0$, $\lim\limits_{x\to-\infty}\dfrac{1}{x-1}=0$ であるから $\lim\limits_{x\to\pm\infty}\{y-(x+1)\}=0$

また $\lim\limits_{x\to 1+0}\dfrac{x^2}{x-1}=\infty$, $\lim\limits_{x\to 1-0}\dfrac{x^2}{x-1}=-\infty$

よって, 漸近線の方程式は **$y=x+1$, $x=1$** …答

121 [方程式への応用]
方程式 $kx^2=e^x$ の実数解の個数を調べよ。

$kx^2=e^x$ は $x=0$ を解にもたないから，$\dfrac{e^x}{x^2}=k$ として，

$\left.\begin{array}{l} y=\dfrac{e^x}{x^2} \\ y=k \end{array}\right\}$ の共有点の個数をグラフで調べる。

$f(x)=\dfrac{e^x}{x^2}$ とおくと $f'(x)=\dfrac{(e^x)'x^2-e^x(x^2)'}{x^4}=\dfrac{e^x x^2-e^x\cdot 2x}{x^4}=\dfrac{e^x(x-2)}{x^3}$

x	$-\infty$	$\cdots$	0	$\cdots$	2	$\cdots$	∞
$f'(x)$		$+$		$-$	0	$+$	
$f(x)$	0	↗	∞	↘	$\dfrac{e^2}{4}$	↗	∞

グラフより，

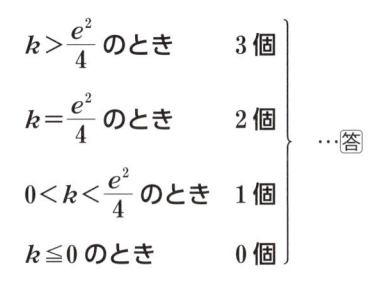

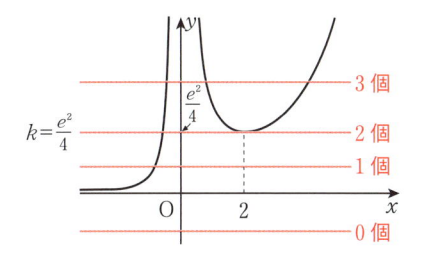

$\left.\begin{array}{ll} k>\dfrac{e^2}{4} \text{ のとき} & 3\text{個} \\ k=\dfrac{e^2}{4} \text{ のとき} & 2\text{個} \\ 0<k<\dfrac{e^2}{4} \text{ のとき} & 1\text{個} \\ k\leqq 0 \text{ のとき} & 0\text{個} \end{array}\right\}$ …答

122 [不等式への応用] 必修 テスト
$x>0$ のとき，次の不等式を証明せよ。

(1) $e^x>1+x$

$f(x)=e^x-(1+x)$ とおくと $f'(x)=e^x-1$
$x>0$ より，$f'(x)>0$ だから，$f(x)$ は常に増加する。
$f(0)=0$ だから，$x>0$ で $f(x)>0$
したがって $e^x>1+x$ 終

(2) $e^x>1+x+\dfrac{x^2}{2}$

$g(x)=e^x-\left(1+x+\dfrac{x^2}{2}\right)$ とおくと $g'(x)=e^x-(1+x)$
(1)の結果より，$g'(x)>0$ だから，$g(x)$ は常に増加する。
$g(0)=0$ だから，$x>0$ で $g(x)>0$
したがって $e^x>1+x+\dfrac{x^2}{2}$ 終

> 不等式の証明では，
> ・最小値≧0 を示すのが基本。
> ・この問題は最小値はもたないが，すべての関数値が正または0より大きくなることを示す。

15 速度・加速度

123 ［速度・加速度］
点 $P(x, y)$ が時刻 t を媒介変数として，$x = \cos^3 t$，$y = \sin^3 t$ で表される曲線上を動くとき，速度 $\vec{v}$，加速度 $\vec{\alpha}$ とそれぞれの大きさを求めよ．

$x = \cos^3 t$ より $\dfrac{dx}{dt} = 3\cos^2 t(-\sin t) = -3\cos^2 t \sin t$

$y = \sin^3 t$ より $\dfrac{dy}{dt} = 3\sin^2 t \cos t$

よって $\vec{v} = (-3\sin t \cos^2 t,\ 3\sin^2 t \cos t)$ …答

$|\vec{v}|^2 = (-3\sin t \cos^2 t)^2 + (3\sin^2 t \cos t)^2$
$\qquad = 9\sin^2 t \cos^2 t(\cos^2 t + \sin^2 t)$
$\qquad = 9\sin^2 t \cos^2 t$

より $|\vec{v}| = 3|\sin t \cos t|$ …答

$\dfrac{d^2 x}{dt^2} = -3\{(-2\cos t \sin t)\sin t + \cos^2 t \cos t\}$
$\qquad = 3\cos t(2\sin^2 t - \cos^2 t)$
$\qquad = 3\cos t(2 - 3\cos^2 t)$

$\dfrac{d^2 y}{dt^2} = 3\{(2\sin t \cos t)\cos t + \sin^2 t(-\sin t)\}$
$\qquad = 3\sin t(2\cos^2 t - \sin^2 t)$
$\qquad = 3\sin t(2 - 3\sin^2 t)$

よって $\vec{\alpha} = (6\cos t - 9\cos^3 t,\ 6\sin t - 9\sin^3 t)$ …答

$|\vec{\alpha}|^2 = 9\cos^2 t(2-3\cos^2 t)^2 + 9\sin^2 t(2-3\sin^2 t)^2$
$\qquad = 9\cos^2 t(4-12\cos^2 t + 9\cos^4 t) + 9\sin^2 t(4-12\sin^2 t + 9\sin^4 t)$
$\qquad = 36(\cos^2 t + \sin^2 t) - 108(\cos^4 t + \sin^4 t) + 81(\cos^6 t + \sin^6 t)$
$\qquad = 36 - 108(1 - 2\sin^2 t \cos^2 t) + 81(1 - 3\sin^2 t \cos^2 t)$
$\qquad = 9 - 27\sin^2 t \cos^2 t$

より $|\vec{\alpha}| = 3\sqrt{1 - 3\sin^2 t \cos^2 t}$ …答

16 関数の近似式

124 ［近似式］
$|x|$ が十分小さいとき，次の関数の近似式を作れ．

(1) $(1+x)^4$

$f(x) = (1+x)^4$ とすると $f'(x) = 4(1+x)^3$
$f(0) = 1$，$f'(0) = 4$ より $(1+x)^4 \fallingdotseq 4x + 1$ …答

(2) $\dfrac{1}{(1+x)^2}$

$f(x)=\dfrac{1}{(1+x)^2}$ とすると $f'(x)=\dfrac{-2(1+x)}{(1+x)^4}=-\dfrac{2}{(1+x)^3}$

$f(0)=1,\ f'(0)=-2$ より $\dfrac{1}{(1+x)^2}\fallingdotseq -2x+1$ …答

(3) $\tan x$

$f(x)=\tan x$ とすると $f'(x)=\dfrac{1}{\cos^2 x}$

$f(0)=0,\ f'(0)=1$ より $\boldsymbol{\tan x \fallingdotseq x}$ …答

125 ［近似値］
1 次の近似式を用いて，次の近似値を求めよ。ただし，(2)では $\log 100=4.605$ を用いてもよい。

(1) 1.001^{20}

$1.001^{20}=(1+0.001)^{20}$

$f(x)=(1+x)^{20}$ とすると $f'(x)=20(1+x)^{19}$

$f(0)=1,\ f'(0)=20$ より $(1+x)^{20}\fallingdotseq 20x+1$

よって $1.001^{20}=f(0.001)\fallingdotseq 20\cdot 0.001+1=\boldsymbol{1.02}$ …答

(2) $\log 100.1$

$\log 100.1=\log(100+0.1)$

$f(x)=\log(100+x)$ とすると $f'(x)=\dfrac{1}{100+x}$

$f(0)=\log 100,\ f'(0)=\dfrac{1}{100}$ より $\log(100+x)\fallingdotseq \dfrac{x}{100}+\log 100$

よって $\log 100.1=f(0.1)\fallingdotseq \dfrac{0.1}{100}+4.605=\boldsymbol{4.606}$ …答

入試問題にチャレンジ

17 すべての実数 x の値において微分可能な関数 $f(x)$ は次の2つの条件を満たすものとする。
(A) すべての実数 x, y に対して $f(x+y)=f(x)+f(y)+8xy$
(B) $f'(0)=3$

ここで，$f'(a)$ は関数 $f(x)$ の $x=a$ における微分係数である。 (東京理科大・改)

(1) $f(0)=\boxed{\text{ア}}$

$f(x+y)=f(x)+f(y)+8xy$ …① とする。

① に $x=0$, $y=0$ を代入して

$f(0)=f(0)+f(0)+0$ より $f(0)=\overset{\text{ア}}{\mathbf{0}}$ …答

(2) $\displaystyle\lim_{h\to 0}\frac{f(h)}{h}=\boxed{\text{イ}}$

$f(0)=0$ だから $\displaystyle\lim_{h\to 0}\frac{f(h)}{h}=\lim_{h\to 0}\frac{f(0+h)-f(0)}{h}=f'(0)$

(B)より，$f'(0)=3$ だから $\displaystyle\lim_{h\to 0}\frac{f(h)}{h}=\overset{\text{イ}}{3}$ …答

(3) $f'(1)=\boxed{\text{ウ}}$

① に $x=1$, $y=h$ を代入すると $f(1+h)=f(1)+f(h)+8h$

よって $\displaystyle f'(1)=\lim_{h\to 0}\frac{f(1+h)-f(1)}{h}=\lim_{h\to 0}\frac{f(h)+8h}{h}$

$\displaystyle =\lim_{h\to 0}\left\{\frac{f(h)}{h}+8\right\}=3+8=\overset{\text{ウ}}{\mathbf{11}}$ …答

18 次の関数を微分せよ。

(1) $y=\dfrac{1-x^2}{1+x^2}$ (宮崎大)

$y'=\dfrac{-2x(1+x^2)-(1-x^2)\cdot 2x}{(1+x^2)^2}$

$=-\dfrac{4x}{(1+x^2)^2}$ …答

(2) $y=\sqrt{\dfrac{2-x}{x+2}}$ (広島市大)

$y'=\dfrac{1}{2}\left(\dfrac{2-x}{x+2}\right)^{-\frac{1}{2}}\cdot\dfrac{-(x+2)-(2-x)}{(x+2)^2}$

$=\dfrac{1}{2}\sqrt{\dfrac{x+2}{2-x}}\cdot\dfrac{-4}{(x+2)^2}$

$=-\dfrac{2}{\sqrt{(2-x)(x+2)^3}}$ …答

(3) $y=\sin^3 2x$ (茨城大)

$y'=3\sin^2 2x\cdot 2\cos 2x$

$=6\sin^2 2x\cos 2x$ …答

(4) $y=\log(x+\sqrt{x^2+1})$ (津田塾大)

$y'=\dfrac{1}{x+\sqrt{x^2+1}}\left(1+\dfrac{2x}{2\sqrt{x^2+1}}\right)$

$=\dfrac{1}{x+\sqrt{x^2+1}}\cdot\dfrac{\sqrt{x^2+1}+x}{\sqrt{x^2+1}}$

$=\dfrac{1}{\sqrt{x^2+1}}$ …答

19 方程式 $3xy-2x+5y=0$ で定められる x の関数 y について，$\dfrac{dy}{dx}=\dfrac{2-3y}{3x+5}$ となることを示せ。

(甲南大)

$3xy-2x+5y=0$ の両辺を x で微分すると $\quad 3y+3x\dfrac{dy}{dx}-2+5\dfrac{dy}{dx}=0$

$(3x+5)\dfrac{dy}{dx}=2-3y \quad$ ゆえに $\quad \dfrac{dy}{dx}=\dfrac{2-3y}{3x+5} \quad$ 終

20 関数 $y=\dfrac{1}{1-7x}$ の第 n 次導関数 $y^{(n)}$ を求めよ。

(関西大)

$y=(1-7x)^{-1}$ より $\quad y'=-(1-7x)^{-2}\cdot(-7)=7(1-7x)^{-2}$

$y''=7\cdot(-2)(1-7x)^{-3}\cdot(-7)=2\cdot7^2(1-7x)^{-3}$

$y'''=2\cdot7^2\cdot(-3)(1-7x)^{-4}\cdot(-7)=2\cdot3\cdot7^3(1-7x)^{-4}$

推測して $\quad y^{(n)}=n!\cdot7^n(1-7x)^{-n-1} \quad \cdots$ ①

$n=1$ のとき，$y^{(1)}=1\cdot7(1-7x)^{-2}$ より①は成り立つ。

$n=k$ のとき，①が成り立つと仮定すると

$y^{(k+1)}=\{y^{(k)}\}'=\{k!\cdot7^k(1-7x)^{-k-1}\}'$

$\qquad = k!\cdot7^k\{-(k+1)\}(1-7x)^{-k-2}(-7)$

$\qquad =(k+1)!\cdot7^{k+1}(1-7x)^{-(k+1)-1}$

よって，$n=k+1$ のときも①は成り立つ。

したがって $\quad \boldsymbol{y^{(n)}=n!\cdot7^n(1-7x)^{-n-1}} \quad \cdots$ 答

21 t を媒介変数として $\begin{cases} x=e^t \\ y=e^{-t^2} \end{cases}$ で表される曲線を C とする。

ここで，e は自然対数の底である。

(東京理科大・改)

(1) $\dfrac{dy}{dx}$ を t の式で表せ。

$\dfrac{dx}{dt}=e^t,\ \dfrac{dy}{dt}=-2te^{-t^2}$ だから $\quad \dfrac{dy}{dx}=\dfrac{\frac{dy}{dt}}{\frac{dx}{dt}}=\dfrac{-2te^{-t^2}}{e^t}=\boldsymbol{-2te^{-t^2-t}} \quad \cdots$ 答

(2) 曲線 C 上の $t=1$ に対応する点における接線の方程式を求めよ。

$t=1$ のとき，接点の座標は $\left(e,\ \dfrac{1}{e}\right) \quad$ 傾きは $\quad \dfrac{dy}{dx}=-2e^{-2}=-\dfrac{2}{e^2}$

よって，求める接線の方程式は $\quad y-\dfrac{1}{e}=-\dfrac{2}{e^2}(x-e)$ より $\quad \boldsymbol{y=-\dfrac{2}{e^2}x+\dfrac{3}{e}} \quad \cdots$ 答

→ 問題 p. 76

㉒ 関数 $f(x)=x+\cos 2x$ がある。関数 $y=f(x)$ $\left(0\leq x\leq \dfrac{\pi}{2}\right)$ の増減およびグラフの凹凸を調べ，その概形をかけ。

(山形大・改)

$f'(x)=1-2\sin 2x=0$ より，$\sin 2x=\dfrac{1}{2}$ の解で $0\leq x\leq \dfrac{\pi}{2}$ のものは

$$x=\dfrac{\pi}{12},\ \dfrac{5}{12}\pi$$

$f''(x)=-4\cos 2x=0$ より，$\cos 2x=0$ の解で $0\leq x\leq \dfrac{\pi}{2}$ のものは

$$x=\dfrac{\pi}{4}$$

x	0	…	$\dfrac{\pi}{12}$	…	$\dfrac{\pi}{4}$	…	$\dfrac{5}{12}\pi$	…	$\dfrac{\pi}{2}$
$f'(x)$		+	0	−	−	−	0	+	
$f''(x)$		−	−	−	0	+	+	+	
$f(x)$	1	↗	$\dfrac{\pi}{12}+\dfrac{\sqrt{3}}{2}$	↘	$\dfrac{\pi}{4}$	↘	$\dfrac{5}{12}\pi-\dfrac{\sqrt{3}}{2}$	↗	$\dfrac{\pi}{2}-1$
			極大		変曲点		極小		

グラフは右の図のようになる。

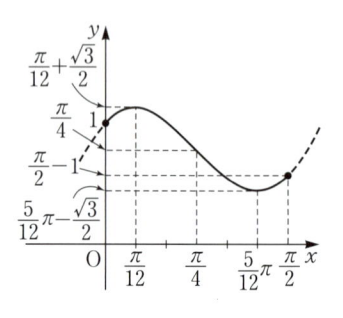

㉓ 時刻 t における座標が $x=2\cos t+\cos 2t$，$y=\sin 2t$ で表される xy 平面上の点 P の運動を考えるとき，P の速さ，すなわち速度ベクトル $\vec{v}=\left(\dfrac{dx}{dt},\ \dfrac{dy}{dt}\right)$ の大きさの最大値と最小値を求めよ。

(東京大・改)

$$\dfrac{dx}{dt}=-2\sin t-2\sin 2t \qquad \dfrac{dy}{dt}=2\cos 2t$$

$$|\vec{v}|=\sqrt{\left(\dfrac{dx}{dt}\right)^2+\left(\dfrac{dy}{dt}\right)^2}=\sqrt{(-2\sin t-2\sin 2t)^2+(2\cos 2t)^2}$$

$$=\sqrt{4\sin^2 t+8\sin t\sin 2t+4\sin^2 2t+4\cos^2 2t}$$

$$=\sqrt{4\sin^2 t+16\sin^2 t\cos t+4}$$

$$=2\sqrt{-4\cos^3 t-\cos^2 t+4\cos t+2}$$

$\cos t=u$ とおくと　$-1\leq u\leq 1$

$-4\cos^3 t-\cos^2 t+4\cos t+2=-4u^3-u^2+4u+2=f(u)$ とおくと

$f'(u)=-12u^2-2u+4=-2(6u^2+u-2)=-2(2u-1)(3u+2)$

$f'(u)=0$ の解は　$u=\dfrac{1}{2},\ -\dfrac{2}{3}$

u	-1	…	$-\dfrac{2}{3}$	…	$\dfrac{1}{2}$	…	1
$f'(u)$		−	0	+	0	−	
$f(u)$	1	↘	$\dfrac{2}{27}$	↗	$\dfrac{13}{4}$	↘	1
			極小		極大		

増減表より，

$|\vec{v}|$ の**最大値**は　$2\sqrt{\dfrac{13}{4}}=\sqrt{13}$

最小値は　$2\sqrt{\dfrac{2}{27}}=\dfrac{2\sqrt{6}}{9}$ ⎫⎬⎭ …**答**

24 $x \geqq 0$ のとき，次の不等式が成り立つことを示せ。　　　　　　　　　　　　　　　　（奈良教育大）

(1) $\sin x \leqq x$

$f(x) = x - \sin x$ とおくと　$f'(x) = 1 - \cos x \geqq 0$　　$f(x)$ は常に増加。

$f(0) = 0$ だから，$x \geqq 0$ で $f(x) \geqq 0$　　したがって　$\sin x \leqq x$　　〔終〕

(2) $1 - \dfrac{1}{2}x^2 \leqq \cos x$

$g(x) = \cos x - \left(1 - \dfrac{1}{2}x^2\right)$ とおくと　$g'(x) = -\sin x + x \geqq 0$　（(1)より）　　$g(x)$ は常に増加。

$g(0) = 1 - (1 - 0) = 0$ だから，$x \geqq 0$ で $g(x) \geqq 0$　　したがって　$1 - \dfrac{1}{2}x^2 \leqq \cos x$　〔終〕

(3) $x - \dfrac{1}{6}x^3 \leqq \sin x$

$h(x) = \sin x - \left(x - \dfrac{1}{6}x^3\right)$ とおくと　$h'(x) = \cos x - \left(1 - \dfrac{1}{2}x^2\right) \geqq 0$　（(2)より）　　$h(x)$ は常に増加。

$h(0) = 0$ だから，$x \geqq 0$ で $h(x) \geqq 0$　　したがって　$x - \dfrac{1}{6}x^3 \leqq \sin x$　〔終〕

25 a を実数とし，xy 平面上において，2つの放物線 $C : y = x^2$, $D : x = y^2 + a$ を考える。（新潟大）

(1) p, q を実数として，直線 $l : y = px + q$ が C に接するとき，q を p で表せ。

$y = x^2$ と $y = px + q$ が接するのは，2式から y を消去した2次方程式 $x^2 - px - q = 0$ が重解をもつ場合であるから，判別式 $= p^2 + 4q = 0$ より　$q = -\dfrac{p^2}{4}$　…①　…〔答〕

(2) (1)において，直線 l がさらに D にも接するとき，a を p で表せ。

$x = y^2 + a$ と $y = px + q$ が接するのは，2式から x を消去した方程式 $py^2 - y + ap + q = 0$ が重解をもつ場合であるから，$p \neq 0$ かつ 判別式 $= 1 - 4p(ap + q) = 0$

①を代入して，$4p\left(ap - \dfrac{p^2}{4}\right) = 1$ より　$a = \dfrac{1}{4}\left(p + \dfrac{1}{p^2}\right)$　…②　…〔答〕

(3) C と D の両方に接する直線の本数を，a の値によって場合分けして求めよ。

(2)より，2つの放物線 C, D に接する直線の本数は，方程式②の実数解の数と一致する。よって，曲線 $y = \dfrac{1}{4}\left(p + \dfrac{1}{p^2}\right)$ と直線 $y = a$ の共有点の個数を調べればよい。

$f(p) = \dfrac{1}{4}\left(p + \dfrac{1}{p^2}\right)$ とおくと　$f'(p) = \dfrac{1}{4}\left(1 - \dfrac{2}{p^3}\right) = \dfrac{p^3 - 2}{4p^3}$

$f'(p) = 0$ の解は　$p = \sqrt[3]{2}$

p	$-\infty$	$\cdots$	0	$\cdots$	$\sqrt[3]{2}$	$\cdots$	∞
$f'(p)$		$+$		$-$	0	$+$	
$f(p)$	$-\infty$	$\nearrow$	∞	$\searrow$	$\dfrac{3\sqrt[3]{2}}{8}$	$\nearrow$	∞

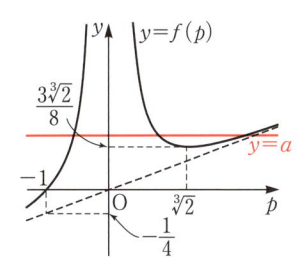

したがって　$a < \dfrac{3\sqrt[3]{2}}{8}$ のとき1本，$a = \dfrac{3\sqrt[3]{2}}{8}$ のとき2本，$a > \dfrac{3\sqrt[3]{2}}{8}$ のとき3本　…〔答〕

ロピタルの定理

関数の極限を求める定理に次のロピタルの定理がある。

―ロピタルの定理――

微分可能な関数 $f(x)$, $g(x)$ が $f(a)=0$, $g(a)=0$ を満たし，$\lim_{x \to a} \dfrac{f'(x)}{g'(x)}$ が存在するとき

$$\lim_{x \to a} \frac{f(x)}{g(x)} = \lim_{x \to a} \frac{f'(x)}{g'(x)}$$

となる。

[証明] $f(a)=0$, $g(a)=0$ なので

$$\lim_{x \to a} \frac{f(x)}{g(x)} = \lim_{x \to a} \frac{f(x)-f(a)}{g(x)-g(a)}$$

$$= \lim_{x \to a} \frac{\dfrac{f(x)-f(a)}{x-a}}{\dfrac{g(x)-g(a)}{x-a}} = \frac{f'(a)}{g'(a)} \quad [終]$$

この定理により，84 は，次のように求めることができる。

(1) $\displaystyle\lim_{x \to 0} \frac{\sin 2x}{x} = \lim_{x \to 0} \frac{(\sin 2x)'}{(x)'}$

$\displaystyle = \lim_{x \to 0} \frac{2\cos 2x}{1} = 2$

(2) $\displaystyle\lim_{x \to 0} \frac{\sin 3x}{\sin 4x} = \lim_{x \to 0} \frac{(\sin 3x)'}{(\sin 4x)'}$

$\displaystyle = \lim_{x \to 0} \frac{3\cos 3x}{4\cos 4x} = \frac{3}{4}$

(3) $\displaystyle\lim_{x \to 0} \frac{1-\cos x}{x} = \lim_{x \to 0} \frac{(1-\cos x)'}{(x)'}$

$\displaystyle = \lim_{x \to 0} \frac{\sin x}{1} = 0$

また，式の変形だけで求めることが難しい次のような極限値も，ロピタルの定理を繰り返し用いることで求められる。

(1) $\displaystyle\lim_{x \to 0} \frac{e^{2x}+e^{-2x}-2}{x \sin x}$

$\displaystyle = \lim_{x \to 0} \frac{(e^{2x}+e^{-2x}-2)'}{(x \sin x)'}$

$\displaystyle = \lim_{x \to 0} \frac{2e^{2x}-2e^{-2x}}{\sin x + x\cos x}$

$\displaystyle = \lim_{x \to 0} \frac{(2e^{2x}-2e^{-2x})'}{(\sin x + x\cos x)'}$

$\displaystyle = \lim_{x \to 0} \frac{4e^{2x}+4e^{-2x}}{\cos x + \cos x - x\sin x}$

$\displaystyle = \frac{4+4}{1+1-0} = 4$

(2) $\displaystyle\lim_{x \to 0} \frac{2\sin x - \sin 2x}{x - \sin x}$

$\displaystyle = \lim_{x \to 0} \frac{(2\sin x - \sin 2x)'}{(x - \sin x)'}$

$\displaystyle = \lim_{x \to 0} \frac{2\cos x - 2\cos 2x}{1 - \cos x}$

$\displaystyle = \lim_{x \to 0} \frac{(2\cos x - 2\cos 2x)'}{(1 - \cos x)'}$

$\displaystyle = \lim_{x \to 0} \frac{-2\sin x + 4\sin 2x}{\sin x}$

$\displaystyle = \lim_{x \to 0} \frac{(-2\sin x + 4\sin 2x)'}{(\sin x)'}$

$\displaystyle = \lim_{x \to 0} \frac{-2\cos x + 8\cos 2x}{\cos x}$

$\displaystyle = \frac{-2+8}{1} = 6$

教科書によっては，ロピタルの定理を扱っていないものもあるので，答案で使うのはやめた方がよいが，極限の計算結果を確かめるのには有効である。

→ 問題 *p. 81*

1 不定積分

126 ［不定積分の計算(1)］
次の不定積分を求めよ。

(1) $\int x^4 \, dx$

$= \dfrac{1}{5} x^5 + C$ …答

(2) $\int \dfrac{1}{x^4} \, dx$

$= \int x^{-4} \, dx = -\dfrac{1}{3} x^{-3} + C = -\dfrac{1}{3x^3} + C$ …答

(3) $\int \dfrac{1}{\sqrt[3]{x}} \, dx$

$= \int x^{-\frac{1}{3}} \, dx = \dfrac{1}{\frac{2}{3}} x^{\frac{2}{3}} + C = \dfrac{3}{2} \sqrt[3]{x^2} + C$ …答

(4) $\int \dfrac{2}{x} \, dx$

$= 2 \log |x| + C$
$= \log x^2 + C$ …答

127 ［不定積分の計算(2)］ 必修
次の不定積分を求めよ。

(1) $\int x^2 (x^2 - 3x + 1) \, dx$

$= \int (x^4 - 3x^3 + x^2) \, dx = \dfrac{1}{5} x^5 - \dfrac{3}{4} x^4 + \dfrac{1}{3} x^3 + C$ …答

(2) $\int \dfrac{x^2 + 2\sqrt{x} - 1}{x} \, dx$

$= \int \left(x + 2 \cdot \underbrace{\dfrac{1}{\sqrt{x}}}_{x^{-\frac{1}{2}}} - \dfrac{1}{x} \right) dx = \dfrac{1}{2} x^2 + 4\sqrt{x} - \log |x| + C$ …答

(3) $\int \dfrac{(x-1)^3}{x^2} \, dx$

$= \int \dfrac{x^3 - 3x^2 + 3x - 1}{x^2} \, dx$

$= \int \left(x - 3 + \dfrac{3}{x} - \underbrace{\dfrac{1}{x^2}}_{x^{-2}} \right) dx$

$= \dfrac{1}{2} x^2 - 3x + 3 \log |x| + \dfrac{1}{x} + C$ …答

5章 積分法とその応用

➡ 問題 *p. 82*

128 [$(ax+b)^n$ の不定積分]
次の不定積分を求めよ。

(1) $\int (1-3x)^2 dx$

$= \dfrac{1}{-3 \cdot 3}(1-3x)^3 + C = -\dfrac{1}{9}(1-3x)^3 + C$ …answer

(2) $\int \sqrt{3x-1}\, dx$

$= \int (3x-1)^{\frac{1}{2}} dx = \dfrac{1}{3 \cdot \frac{3}{2}}(3x-1)^{\frac{3}{2}} + C = \dfrac{2}{9}(3x-1)\sqrt{3x-1} + C$ …answer

(3) $\int \dfrac{1}{\sqrt{3x-1}}\, dx$

$= \int (3x-1)^{-\frac{1}{2}} dx = \dfrac{1}{3 \cdot \frac{1}{2}}(3x-1)^{\frac{1}{2}} + C = \dfrac{2}{3}\sqrt{3x-1} + C$ …answer

(4) $\int \dfrac{1}{1-3x}\, dx$

$= \dfrac{1}{-3}\log|1-3x| + C = -\dfrac{1}{3}\log|1-3x| + C$ …answer

129 [三角関数の不定積分]
次の不定積分を求めよ。

(1) $\int \sin 2x\, dx$

$= -\dfrac{1}{2}\cos 2x + C$ …answer

(2) $\int \cos^2 3x\, dx$

$= \int \dfrac{1+\cos 6x}{2}\, dx = \dfrac{1}{2}x + \dfrac{1}{12}\sin 6x + C$ …answer

(3) $\int \dfrac{1}{\cos^2 3x}\, dx$

$= \dfrac{1}{3}\tan 3x + C$ …answer

130 [指数関数の不定積分]
次の不定積分を求めよ。

(1) $\int e^{2x+3} dx$

$= \dfrac{1}{2} e^{2x+3} + C$ …答

(2) $\int (2^x + 2^{-x})^3 dx$

$= \int (2^{3x} + 3 \cdot 2^x + 3 \cdot 2^{-x} + 2^{-3x}) dx$

$= \dfrac{1}{\log 2} \left(\dfrac{1}{3} \cdot 2^{3x} + 3 \cdot 2^x - 3 \cdot 2^{-x} + \dfrac{1}{-3} \cdot 2^{-3x} \right) + C = \dfrac{1}{3\log 2} (2^{3x} + 9 \cdot 2^x - 9 \cdot 2^{-x} - 2^{-3x}) + C$ …答

2　置換積分法

131 [$ax+b=t$ と置換する不定積分] 必修 テスト
次の不定積分を求めよ。

(1) $\int x\sqrt{2x-3}\, dx$

$2x-3=t$ とおくと　$x=\dfrac{t+3}{2}$　　$dx=\dfrac{1}{2}dt$

$\int x\sqrt{2x-3}\,\boxed{dx} = \int \dfrac{t+3}{2} \cdot \sqrt{t} \cdot \boxed{\dfrac{1}{2} dt} = \dfrac{1}{4} \int (t^{\frac{3}{2}} + 3t^{\frac{1}{2}}) dt = \dfrac{1}{4} \left(\dfrac{2}{5} t^{\frac{5}{2}} + 3 \cdot \dfrac{2}{3} t^{\frac{3}{2}} \right) + C$

$= \dfrac{1}{10} t^{\frac{3}{2}} (t+5) + C$

$= \dfrac{1}{10} (2x-3+5)(2x-3)\sqrt{2x-3} + C = \dfrac{1}{5}(x+1)(2x-3)\sqrt{2x-3} + C$ …答

(2) $\int \dfrac{x}{(1-x)^2} dx$

$1-x=t$ とおくと　$x=1-t$　　$dx=(-1)dt$

$\int \dfrac{x}{(1-x)^2} \boxed{dx} = \int \dfrac{1-t}{t^2} \boxed{(-1)dt} = \int \left(-\dfrac{1}{t^2} + \dfrac{1}{t} \right) dt = \dfrac{1}{t} + \log|t| + C$

$= \dfrac{1}{1-x} + \log|1-x| + C$ …答

➡ 問題 *p. 84*

132 $\left[\int \dfrac{f'(x)}{f(x)} dx \text{ 型の不定積分}\right]$
次の不定積分を求めよ。

(1) $\displaystyle\int \dfrac{3x^2 - 2x + 1}{x^3 - x^2 + x - 1} dx$

$= \displaystyle\int \dfrac{(x^3 - x^2 + x - 1)'}{x^3 - x^2 + x - 1} dx = \log|x^3 - x^2 + x - 1| + C$ …答

> 分子が $f'(x)$ になっていることを見つければ，簡単に積分できますよ。

(2) $\displaystyle\int \dfrac{1 + \cos x}{x + \sin x} dx$

$= \displaystyle\int \dfrac{(x + \sin x)'}{x + \sin x} dx = \log|x + \sin x| + C$ …答

(3) $\displaystyle\int \dfrac{e^x}{e^x - 1} dx$

$= \displaystyle\int \dfrac{(e^x - 1)'}{e^x - 1} dx = \log|e^x - 1| + C$ …答

133 $\left[\int f(g(x))g'(x)\, dx \text{ 型の不定積分}\right]$ 必修 テスト
次の不定積分を求めよ。

(1) $\displaystyle\int \dfrac{\log x}{2x} dx$

$\log x = t$ とおく。$\dfrac{1}{x} dx = dt$ だから

$\displaystyle\int \dfrac{\log x}{2x} dx = \dfrac{1}{2}\int t\, dt = \dfrac{1}{4}t^2 + C = \dfrac{1}{4}(\log x)^2 + C$ …答

$\displaystyle\int \dfrac{\log x}{2} \cdot \boxed{\dfrac{1}{x} dx} = \dfrac{1}{2}\int t\, \boxed{dt}$

(2) $\displaystyle\int x e^{-3x^2} dx$

$-3x^2 = t$ とおく。$-6x\, dx = dt$ より，$x\, dx = -\dfrac{1}{6} dt$ だから

$\displaystyle\int x e^{-3x^2} dx = \int\left(-\dfrac{1}{6}\right)e^t dt = -\dfrac{1}{6}e^t + C = -\dfrac{1}{6}e^{-3x^2} + C$ …答

$\displaystyle\int e^{-3x^2}\boxed{x\, dx} = \int e^t \cdot \boxed{\left(-\dfrac{1}{6}\right)dt}$

> $g(x) = t$ とおく。$g'(x)dx$ は見つかりましたか。

(3) $\displaystyle\int e^{\sin x} \cos x\, dx$

$\sin x = t$ とおく。$\cos x\, dx = dt$ だから

$\displaystyle\int e^{\sin x}\boxed{\cos x\, dx} = \int e^t \boxed{dt} = e^t + C = e^{\sin x} + C$ …答

72　5章　積分法とその応用

3 部分積分法

134 ［部分積分法(1)］ 必修 テスト
次の不定積分を求めよ。

(1) $\int x \sin 2x \, dx$

$= \int x\left(-\frac{1}{2}\cos 2x\right)' dx = -\frac{x}{2}\cos 2x - \int \left(-\frac{1}{2}\cos 2x\right) dx$

$= -\frac{x}{2}\cos 2x + \frac{1}{4}\sin 2x + C$ …答

$\int \sin 2x \, dx = -\frac{1}{2}\cos 2x + C$ だから

(2) $\int x \log x \, dx$

$= \int \left(\frac{x^2}{2}\right)' \log x \, dx = \frac{x^2}{2}\log x - \int \frac{x}{2} dx$

$= \frac{x^2}{2}\log x - \frac{1}{4}x^2 + C$ …答

$\int x \, dx = \frac{x^2}{2} + C$ だから

(1)では、x と $\sin 2x$
(2)では、x と $\log x$
どちらを先に積分しておけばよいかを見つけるのが鍵ですよ。

135 ［部分積分法(2)］
次の不定積分を求めよ。

(1) $\int x^2 \cos x \, dx$

$= \int x^2 (\sin x)' dx = x^2 \sin x - 2\int x \sin x \, dx$

$\int \cos x \, dx = \sin x + C$ だから

ここで、$\int x \sin x \, dx = \int x(-\cos x)' dx = -x\cos x + \int \cos x \, dx = -x\cos x + \sin x + C_1$ より

与式 $= x^2 \sin x - 2(-x\cos x + \sin x) + C = x^2\sin x + 2x\cos x - 2\sin x + C$ …答

(2) $\int e^{-x} \sin x \, dx$

$= \int (-e^{-x})' \sin x \, dx = -e^{-x}\sin x + \int e^{-x}\cos x \, dx$ …①

$\int e^{-x} dx = -e^{-x} + C$ だから

ここで $\int e^{-x}\cos x \, dx = \int (-e^{-x})' \cos x \, dx = -e^{-x}\cos x - \int e^{-x}\sin x \, dx$

与式

与式 $= I$ とおくと $I = -e^{-x}\sin x - e^{-x}\cos x - I$ （①より）

$I = -\frac{1}{2}e^{-x}(\sin x + \cos x) + C$ …答

➡ 問題 p. 86

4 いろいろな不定積分

136 ［分数関数の不定積分］
次の不定積分を求めよ。

$$\int \frac{2x^3+3x^2+x+1}{2x^2+3x+1}dx$$

帯分数化

$$\begin{array}{r} x \\ 2x^2+3x+1 \overline{\smash{\big)}\, 2x^3+3x^2+x+1} \\ \underline{2x^3+3x^2+x} \\ 1 \end{array}$$

$$= \int \left(x + \frac{1}{2x^2+3x+1}\right)dx$$

$$\frac{1}{2x^2+3x+1} = \frac{1}{(2x+1)(x+1)} = \frac{a}{2x+1} + \frac{b}{x+1} = \frac{(a+2b)x+(a+b)}{(2x+1)(x+1)}$$ 部分分数に分解

係数を比較して $a+2b=0,\ a+b=1$　これを解いて $a=2,\ b=-1$

よって

与式 $= \int \left(x+\frac{1}{2x^2+3x+1}\right)dx = \int \left(x+\frac{2}{2x+1}-\frac{1}{x+1}\right)dx$

$= \frac{1}{2}x^2 + \log|2x+1| - \log|x+1| + C = \boldsymbol{\frac{1}{2}x^2 + \log\left|\frac{2x+1}{x+1}\right| + C}$　…答

137 ［三角関数の積の不定積分］
次の不定積分を求めよ。

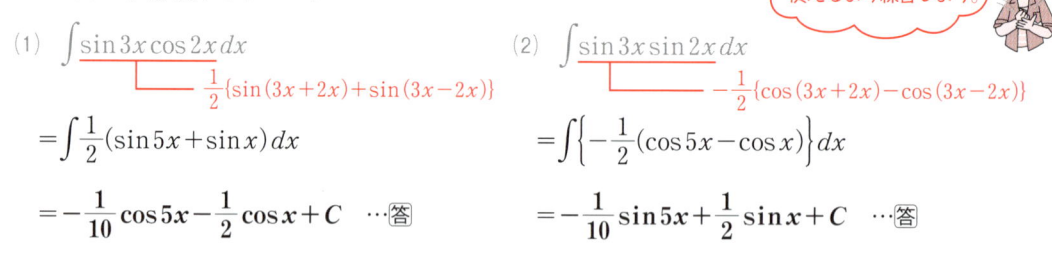

積→和の公式が使えるよう練習しよう。

(1) $\int \underline{\sin 3x \cos 2x}\,dx$
　　　　$\frac{1}{2}\{\sin(3x+2x)+\sin(3x-2x)\}$

$= \int \frac{1}{2}(\sin 5x + \sin x)dx$

$= \boldsymbol{-\frac{1}{10}\cos 5x - \frac{1}{2}\cos x + C}$　…答

(2) $\int \underline{\sin 3x \sin 2x}\,dx$
　　　　$-\frac{1}{2}\{\cos(3x+2x)-\cos(3x-2x)\}$

$= \int \left\{-\frac{1}{2}(\cos 5x - \cos x)\right\}dx$

$= \boldsymbol{-\frac{1}{10}\sin 5x + \frac{1}{2}\sin x + C}$　…答

138 ［部分分数分解を利用した不定積分］必修
次の問いに答えよ。

(1) 等式 $\dfrac{1}{(x+1)(x+2)^2} = \dfrac{a}{x+1} + \dfrac{b}{x+2} + \dfrac{c}{(x+2)^2}$ がすべての実数 x について成立するように，a，b，c の値を定めよ。

$\dfrac{a}{x+1} + \dfrac{b}{x+2} + \dfrac{c}{(x+2)^2}$
　　　　　$a(x+2)^2+b(x+1)(x+2)+c(x+1)$
$= \dfrac{(a+b)x^2+(4a+3b+c)x+(4a+2b+c)}{(x+1)(x+2)^2} = \dfrac{1}{(x+1)(x+2)^2}$

$\dfrac{1}{(x+1)(x+2)^2} = \dfrac{a}{x+1} + \dfrac{b}{(x+2)^2}$ では，a，b の値は決まらないのですよ。

分子を比較して $a+b=0,\ 4a+3b+c=0,\ 4a+2b+c=1$

これより $\boldsymbol{a=1,\ b=-1,\ c=-1}$　…答

(2) 不定積分 $\int \dfrac{1}{(x+1)(x+2)^2}dx$ を求めよ。

$\int \dfrac{1}{(x+1)(x+2)^2}dx = \int \left\{\dfrac{1}{x+1} - \dfrac{1}{x+2} - \dfrac{1}{(x+2)^2}\right\}dx = \boldsymbol{\log\left|\dfrac{x+1}{x+2}\right| + \dfrac{1}{x+2} + C}$　…答

5 定積分

139 ［定積分の計算］
次の定積分を求めよ。

(1) $\int_0^1 x^3 dx$

$= \left[\dfrac{1}{4}x^4\right]_0^1 = \dfrac{1}{4}$ …答

(2) $\int_2^4 \dfrac{1}{x} dx$

$= \left[\log|x|\right]_2^4 = \log 4 - \log 2 = \log \dfrac{4}{2} = \mathbf{\log 2}$ …答

(3) $\int_1^2 \dfrac{3x^3 + 2x^2 - 1}{x^2} dx$

$= \int_1^2 \left(3x + 2 - \dfrac{1}{x^2}\right) dx = \left[\dfrac{3}{2}x^2 + 2x + \dfrac{1}{x}\right]_1^2 = \left(\dfrac{3}{2}\cdot 2^2 + 2\cdot 2 + \dfrac{1}{2}\right) - \left(\dfrac{3}{2} + 2 + 1\right) = \mathbf{6}$ …答

140 ［三角関数の定積分］ ▣テスト◁
次の定積分を求めよ。

(1) $\int_0^{\frac{\pi}{3}} \sin 4x \, dx$

$= \left[-\dfrac{1}{4}\cos 4x\right]_0^{\frac{\pi}{3}} = -\dfrac{1}{4}\left(\cos \dfrac{4}{3}\pi - \cos 0\right) = \mathbf{\dfrac{3}{8}}$ …答

(2) $\int_0^{\frac{\pi}{2}} (1 + \sin x)\cos x \, dx$

$= \int_0^{\frac{\pi}{2}} \left(\cos x + \dfrac{1}{2}\sin 2x\right) dx = \left[\sin x - \dfrac{1}{4}\cos 2x\right]_0^{\frac{\pi}{2}} = \left(1 + \dfrac{1}{4}\right) - \left(0 - \dfrac{1}{4}\right) = \mathbf{\dfrac{3}{2}}$ …答

141 ［指数関数の定積分・部分分数分解の利用］
次の定積分を求めよ。

(1) $\int_0^3 5^x dx$

$= \left[\dfrac{1}{\log 5}\cdot 5^x\right]_0^3 = \dfrac{1}{\log 5}(5^3 - 5^0) = \mathbf{\dfrac{124}{\log 5}}$ …答

(2) $\int_{-1}^1 (e^x + e^{-x})^2 dx$

$= \int_{-1}^1 (e^{2x} + 2 + e^{-2x}) dx = \left[\dfrac{1}{2}e^{2x} + 2x - \dfrac{1}{2}e^{-2x}\right]_{-1}^1$

$= \left(\dfrac{1}{2}e^2 + 2 - \dfrac{1}{2}e^{-2}\right) - \left(\dfrac{1}{2}e^{-2} - 2 - \dfrac{1}{2}e^2\right) = \mathbf{e^2 - \dfrac{1}{e^2} + 4}$ …答

(3) $\int_1^2 \dfrac{1}{(x+1)(x+3)} dx$

$= \dfrac{1}{2}\int_1^2 \left(\dfrac{1}{x+1} - \dfrac{1}{x+3}\right) dx = \dfrac{1}{2}\Big[\log|x+1| - \log|x+3|\Big]_1^2$

$= \dfrac{1}{2}\{\log 3 - \log 5 - (\log 2 - \log 4)\} = \dfrac{1}{2}\log \dfrac{12}{10} = \mathbf{\dfrac{1}{2}\log \dfrac{6}{5}}$ …答

6 定積分の置換積分法

142 [$ax+b=t$ とおく置換積分] 必修
次の定積分を求めよ。

(1) $\int_{-2}^{0}(2x+3)^3\,dx$

$2x+3=t$ とおく。$2\dfrac{dx}{dt}=1$ より $dx=\dfrac{1}{2}dt$

x	-2	$\to$	0
t	-1	$\to$	3

$\int_{-2}^{0}(2x+3)^3\,dx = \int_{-1}^{3} t^3 \cdot \dfrac{1}{2}\,dt = \left[\dfrac{1}{8}t^4\right]_{-1}^{3} = \dfrac{1}{8}(81-1) = \mathbf{10}$ …答

(2) $\int_{1}^{3}(x-1)^2(x-3)\,dx$

$x-1=t$ とおく。$\dfrac{dx}{dt}=1$ より $dx=dt$

x	1	$\to$	3
t	0	$\to$	2

$\int_{1}^{3}(x-1)^2(x-3)\,dx = \int_{0}^{2}t^2(t-2)\,dt = \int_{0}^{2}(t^3-2t^2)\,dt = \left[\dfrac{1}{4}t^4 - \dfrac{2}{3}t^3\right]_{0}^{2} = \left(4 - \dfrac{16}{3}\right) - 0 = \mathbf{-\dfrac{4}{3}}$ …答

143 [$\sqrt[n]{ax+b}=t$ とおく置換積分]
次の定積分を求めよ。

(1) $\int_{1}^{3} x\sqrt{3x-2}\,dx$ 　　$x=\dfrac{t^2+2}{3},\ \dfrac{dx}{dt}=\dfrac{2}{3}t$

$\sqrt{3x-2}=t$ とおく。$3x-2=t^2$ より $dx=\dfrac{2}{3}t\,dt$

x	1	$\to$	3
t	1	$\to$	$\sqrt{7}$

$\int_{1}^{3} x\sqrt{3x-2}\,dx = \int_{1}^{\sqrt{7}} \dfrac{t^2+2}{3}\cdot t\cdot\dfrac{2}{3}t\,dt = \dfrac{2}{9}\int_{1}^{\sqrt{7}}(t^4+2t^2)\,dt$

$= \dfrac{2}{9}\left[\dfrac{t^5}{5}+\dfrac{2}{3}t^3\right]_{1}^{\sqrt{7}} = \dfrac{2}{9}\left\{\left(\dfrac{(\sqrt{7})^5}{5}+\dfrac{2(\sqrt{7})^3}{3}\right)-\left(\dfrac{1}{5}+\dfrac{2}{3}\right)\right\} = \mathbf{\dfrac{434\sqrt{7}-26}{135}}$ …答

(2) $\int_{-1}^{12}\dfrac{x}{\sqrt[3]{2x+3}}\,dx$ 　　$x=\dfrac{t^3-3}{2},\ \dfrac{dx}{dt}=\dfrac{3}{2}t^2$

$\sqrt[3]{2x+3}=t$ とおく。$2x+3=t^3$ より $dx=\dfrac{3}{2}t^2\,dt$

x	-1	$\to$	12
t	1	$\to$	3

$\int_{-1}^{12}\dfrac{x}{\sqrt[3]{2x+3}}\,dx = \int_{1}^{3}\dfrac{\frac{t^3-3}{2}}{t}\cdot\dfrac{3}{2}t^2\,dt = \dfrac{3}{4}\int_{1}^{3}(t^4-3t)\,dt$

$= \dfrac{3}{4}\left[\dfrac{t^5}{5}-\dfrac{3t^2}{2}\right]_{1}^{3} = \dfrac{3}{4}\left\{\left(\dfrac{3^5}{5}-\dfrac{3^3}{2}\right)-\left(\dfrac{1}{5}-\dfrac{3}{2}\right)\right\} = \mathbf{\dfrac{273}{10}}$ …答

144 [$f(g(x))\cdot g'(x)$ 型の置換積分] テスト
次の定積分を求めよ。

(1) $\int_{0}^{\frac{\pi}{4}} \cos^2 x \sin x\,dx$ 　　$\sin x\,dx = (-1)dt$

$\cos x = t$ とおく。$-\sin x\,dx = dt$

x	0	$\to$	$\dfrac{\pi}{4}$
t	1	$\to$	$\dfrac{\sqrt{2}}{2}$

$\int_{0}^{\frac{\pi}{4}} \cos^2 x \sin x\,dx = -\int_{1}^{\frac{\sqrt{2}}{2}} t^2\,dt = -\left[\dfrac{t^3}{3}\right]_{1}^{\frac{\sqrt{2}}{2}} = -\left(\dfrac{\sqrt{2}}{12} - \dfrac{1}{3}\right) = \mathbf{\dfrac{4-\sqrt{2}}{12}}$ …答

$\int_{0}^{\frac{\pi}{4}}\cos^2 x\,\boxed{\sin x\,dx} = \int_{1}^{\frac{\sqrt{2}}{2}} t^2\,\boxed{(-1)dt}$

> $g(x)=t$ とおいたとき $g'(x)dx$ が見つからなければ置換積分では解けないのですよ。

(2) $\int_e^{e^2} \dfrac{(\log x)^3}{x}dx$

$\log x = t$ とおく。 $\dfrac{1}{x}dx = dt$

x	e	$\to$	e^2
t	1	$\to$	2

$\int_e^{e^2} \dfrac{(\log x)^3}{x}dx = \int_1^2 t^3 dt = \left[\dfrac{t^4}{4}\right]_1^2 = 4 - \dfrac{1}{4} = \dfrac{\bm{15}}{\bm{4}}$ …答

$\int_e^{e^2}(\log x)^3 \dfrac{1}{x}dx = \int_1^2 t^3 dt$

145 $\left[\int_\alpha^\beta \dfrac{f'(x)}{f(x)}dx\ 型の置換積分\right]$ 必修 テスト
次の定積分を求めよ。

分子が $f'(x)$ になっていることを発見しよう！

(1) $\int_{-1}^2 \dfrac{2x-1}{x^2-x+1}dx$

$= \int_{-1}^2 \dfrac{(x^2-x+1)'}{x^2-x+1}dx = \left[\log(x^2-x+1)\right]_{-1}^2 = \log 3 - \log 3 = \bm{0}$ …答

(2) $\int_0^1 \dfrac{e^x}{e^x+1}dx$

$= \int_0^1 \dfrac{(e^x+1)'}{e^x+1}dx = \left[\log(e^x+1)\right]_0^1 = \log(e+1) - \log 2 = \bm{\log \dfrac{e+1}{2}}$ …答

146 $\left[\int_\alpha^\beta \sqrt{a^2-x^2}\,dx\ 型の置換積分\right]$
次の定積分を求めよ。

(1) $\int_0^{\sqrt{3}} \sqrt{8-2x^2}\,dx$

$\sqrt{8-2x^2} = \sqrt{2}\cdot\sqrt{2^2-x^2}$ より $x = 2\sin t$ とおけばよいとわかるね！

$x = 2\sin\theta$ とおく。 $dx = 2\cos\theta\,d\theta$

x	0	$\to$	$\sqrt{3}$
θ	0	$\to$	$\dfrac{\pi}{3}$

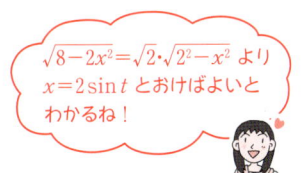

$\int_0^{\sqrt{3}}\sqrt{8-2x^2}\,dx = \int_0^{\frac{\pi}{3}}\sqrt{8(1-\sin^2\theta)}\cdot 2\cos\theta\,d\theta = \int_0^{\frac{\pi}{3}} 4\sqrt{2}\cos^2\theta\,d\theta = \int_0^{\frac{\pi}{3}} 4\sqrt{2}\left(\dfrac{1+\cos 2\theta}{2}\right)d\theta$

$= 2\sqrt{2}\left[\theta + \dfrac{1}{2}\sin 2\theta\right]_0^{\frac{\pi}{3}} = 2\sqrt{2}\left(\dfrac{\pi}{3} + \dfrac{1}{2}\sin\dfrac{2}{3}\pi\right) = \dfrac{\bm{2\sqrt{2}}}{\bm{3}}\bm{\pi} + \dfrac{\bm{\sqrt{6}}}{\bm{2}}$ …答

(2) $\int_0^{\frac{3}{2}} \dfrac{1}{\sqrt{9-x^2}}dx$

$x = 3\sin\theta$ とおく。 $dx = 3\cos\theta\,d\theta$

x	0	$\to$	$\dfrac{3}{2}$
θ	0	$\to$	$\dfrac{\pi}{6}$

$\int_0^{\frac{3}{2}} \dfrac{1}{\sqrt{9-x^2}}dx = \int_0^{\frac{\pi}{6}} \dfrac{3\cos\theta}{\sqrt{9-9\sin^2\theta}}d\theta = \int_0^{\frac{\pi}{6}} \dfrac{3\cos\theta}{3\cos\theta}d\theta = \int_0^{\frac{\pi}{6}} d\theta = \left[\theta\right]_0^{\frac{\pi}{6}} = \dfrac{\bm{\pi}}{\bm{6}}$ …答

→ 問題 *p. 90*

147 $\left[\int_\alpha^\beta \dfrac{1}{a^2+x^2}dx \text{ 型の置換積分}\right]$ テスト

次の定積分を求めよ。

(1) $\displaystyle\int_0^{\sqrt{3}} \dfrac{dx}{x^2+3}$

$x=\sqrt{3}\tan\theta$ とおく。 $dx=\dfrac{\sqrt{3}}{\cos^2\theta}d\theta$

x	0	$\to$	$\sqrt{3}$
θ	0	$\to$	$\dfrac{\pi}{4}$

$$\int_0^{\sqrt{3}} \dfrac{dx}{x^2+3} = \int_0^{\frac{\pi}{4}} \dfrac{1}{3(\tan^2\theta+1)} \cdot \dfrac{\sqrt{3}}{\cos^2\theta} d\theta = \int_0^{\frac{\pi}{4}} \dfrac{\sqrt{3}}{3} \cdot \cos^2\theta \cdot \dfrac{1}{\cos^2\theta} d\theta$$

$$= \int_0^{\frac{\pi}{4}} \dfrac{\sqrt{3}}{3} d\theta = \dfrac{\sqrt{3}}{3}\Big[\theta\Big]_0^{\frac{\pi}{4}} = \dfrac{\sqrt{3}}{12}\pi \quad \cdots \text{答}$$

(2) $\displaystyle\int_0^1 \dfrac{x^2}{(1+x^2)^3} dx$

$x=\tan\theta$ とおく。 $dx=\dfrac{1}{\cos^2\theta}d\theta$

x	0	$\to$	1
θ	0	$\to$	$\dfrac{\pi}{4}$

$$\int_0^1 \dfrac{x^2}{(1+x^2)^3} dx = \int_0^{\frac{\pi}{4}} \dfrac{\tan^2\theta}{(1+\tan^2\theta)^3} \cdot \dfrac{1}{\cos^2\theta} d\theta = \int_0^{\frac{\pi}{4}} \tan^2\theta (\cos^2\theta)^3 \cdot \dfrac{1}{\cos^2\theta} d\theta$$

$$= \int_0^{\frac{\pi}{4}} \sin^2\theta\cos^2\theta \, d\theta = \int_0^{\frac{\pi}{4}} \dfrac{1}{4}\sin^2 2\theta \, d\theta = \dfrac{1}{4}\int_0^{\frac{\pi}{4}} \dfrac{1-\cos 4\theta}{2} d\theta$$

$$= \dfrac{1}{8}\Big[\theta - \dfrac{1}{4}\sin 4\theta\Big]_0^{\frac{\pi}{4}} = \dfrac{\pi}{32} \quad \cdots \text{答}$$

148 ［部分分数分解を利用した定積分］

定積分 $\displaystyle\int_1^2 \dfrac{1}{x(x+1)^2} dx$ の値を求めよ。

$\dfrac{1}{x(x+1)^2} = \dfrac{a}{x} + \dfrac{b}{x+1} + \dfrac{c}{(x+1)^2} = \dfrac{(a+b)x^2 + (2a+b+c)x + a}{x(x+1)^2}$

分子を比較して $a+b=0$, $2a+b+c=0$, $a=1$ より $a=1$, $b=-1$, $c=-1$

$$\int_1^2 \dfrac{1}{x(x+1)^2} dx = \int_1^2 \left\{\dfrac{1}{x} - \dfrac{1}{x+1} - \dfrac{1}{(x+1)^2}\right\} dx = \left[\log|x| - \log|x+1| + \dfrac{1}{x+1}\right]_1^2$$

$$= \left(\log 2 - \log 3 + \dfrac{1}{3}\right) - \left(\log 1 - \log 2 + \dfrac{1}{2}\right) = \log\dfrac{4}{3} - \dfrac{1}{6} \quad \cdots \text{答}$$

7 定積分の部分積分法

149 ［定積分の部分積分法］
次の定積分を求めよ。

(1) $\int_0^2 xe^{-x}dx = \int_0^2 x(-e^{-x})'dx = \left[-xe^{-x}\right]_0^2 - \int_0^2 (-e^{-x})dx$

$\qquad = -2e^{-2} - \left[e^{-x}\right]_0^2 = -2e^{-2} - e^{-2} + e^0 = \boldsymbol{1 - \dfrac{3}{e^2}}$ …答

(2) $\int_1^e \dfrac{1}{x^2}\log x\,dx = \int_1^e \left(-\dfrac{1}{x}\right)'\log x\,dx = \left[-\dfrac{1}{x}\log x\right]_1^e - \int_1^e \left(-\dfrac{1}{x}\right)\dfrac{1}{x}dx = -\dfrac{1}{e} - \left[\dfrac{1}{x}\right]_1^e$

$\qquad = -\dfrac{1}{e} - \left(\dfrac{1}{e} - 1\right) = \boldsymbol{1 - \dfrac{2}{e}}$ …答

150 ［奇関数・偶関数の定積分］
次の定積分を求めよ。

(1) $\int_{-\frac{\pi}{3}}^{\frac{\pi}{3}} |\sin x|\,dx = 2\int_0^{\frac{\pi}{3}} \sin x\,dx = 2\left[-\cos x\right]_0^{\frac{\pi}{3}} = 2\left\{-\dfrac{1}{2} - (-1)\right\} = \boldsymbol{1}$ …答

(2) $\int_{-\frac{\pi}{6}}^{\frac{\pi}{6}} \sin x\,dx = \boldsymbol{0}$ …答 ← $\sin x$ は奇関数だから，計算しなくてもすぐにわかる！！

8 定積分と微分

151 ［定積分で定義された関数(1)］ 必修 テスト
次の関数を x で微分せよ。

(1) $f(x) = \int_0^x t\sin t\,dt$

$\boldsymbol{f'(x) = x\sin x}$ …答

(2) $f(x) = \int_0^x x\sin t\,dt$

$f(x) = x\int_0^x \sin t\,dt$ だから $f'(x) = \int_0^x \sin t\,dt + x\left(\int_0^x \sin t\,dt\right)' = \left[-\cos t\right]_0^x + x\sin x$

$\qquad = (-\cos x) - (-1) + x\sin x = \boldsymbol{x\sin x - \cos x + 1}$ …答

➡ 問題 *p. 92*

152 ［定積分で定義された関数(2)］ テスト 難

連続関数 $f(x)$ に対して $F(x)=x-\int_0^x tf(x-t)\,dt$ とする。$F''(x)=\cos x$ のとき，関数 $f(x)$ と $F(x)$ を求めよ。

$x-t=u$ とおく。$(-1)dt=du$

t	0	$\to$	x
u	x	$\to$	0

$$F(x)=x-\int_x^0 (x-u)f(u)(-1)\,du=x-\int_0^x (x-u)f(u)\,du$$

$$=x-x\int_0^x f(u)\,du+\int_0^x uf(u)\,du$$

$$F'(x)=1-\int_0^x f(u)\,du-xf(x)+xf(x)=1-\int_0^x f(u)\,du$$

$F''(x)=-f(x)=\cos x$ より $\boldsymbol{f(x)=-\cos x}$ …答

よって $F'(x)=1-\int_0^x(-\cos u)\,du=1+\Big[\sin u\Big]_0^x=\sin x+1$

ゆえに $F(x)=\int(\sin x+1)\,dx=-\cos x+x+C$

一方，$F(0)=0$ だから，$F(0)=-1+C=0$ より $C=1$

したがって $\boldsymbol{F(x)=-\cos x+x+1}$ …答

153 ［部分積分法の活用］ 難

次の定積分の値を求めよ。

$$I=\int_0^{\frac{\pi}{4}} e^{-x}\cos 2x\,dx$$

$$I=\int_0^{\frac{\pi}{4}} e^{-x}\cos 2x\,dx=\int_0^{\frac{\pi}{4}}(-e^{-x})'\cos 2x\,dx$$

$$=\Big[-e^{-x}\cos 2x\Big]_0^{\frac{\pi}{4}}-\int_0^{\frac{\pi}{4}}(-e^{-x})(-2\sin 2x)\,dx$$

$$=\left(-e^{-\frac{\pi}{4}}\cos\frac{\pi}{2}+e^{-0}\cos 0\right)-2\int_0^{\frac{\pi}{4}} e^{-x}\sin 2x\,dx$$

$$=1-2\int_0^{\frac{\pi}{4}}(-e^{-x})'\sin 2x\,dx$$

$$=1-2\left\{\Big[-e^{-x}\sin 2x\Big]_0^{\frac{\pi}{4}}-\int_0^{\frac{\pi}{4}}(-e^{-x})(2\cos 2x)\,dx\right\}$$

$$=1-2\left(-e^{-\frac{\pi}{4}}\sin\frac{\pi}{2}+e^{-0}\sin 0+2\int_0^{\frac{\pi}{4}} e^{-x}\cos 2x\,dx\right)$$

$$=1+2e^{-\frac{\pi}{4}}-4I$$

したがって，$5I=1+2e^{-\frac{\pi}{4}}$ より $\boldsymbol{I=\dfrac{1+2e^{-\frac{\pi}{4}}}{5}}$ …答

9 区分求積法と定積分

154 ［定積分と級数］

定積分を利用して，次の極限値を求めよ。

(1) $\displaystyle\lim_{n\to\infty}\dfrac{1}{\sqrt{n}}\left(\dfrac{1}{\sqrt{n+1}}+\dfrac{1}{\sqrt{n+2}}+\dfrac{1}{\sqrt{n+3}}+\cdots+\dfrac{1}{\sqrt{2n}}\right)$

$=\displaystyle\lim_{n\to\infty}\dfrac{1}{n}\left(\dfrac{1}{\sqrt{1+\dfrac{1}{n}}}+\dfrac{1}{\sqrt{1+\dfrac{2}{n}}}+\dfrac{1}{\sqrt{1+\dfrac{3}{n}}}+\cdots+\dfrac{1}{\sqrt{1+\dfrac{n}{n}}}\right)$

$=\displaystyle\int_0^1 \dfrac{1}{\sqrt{1+x}}\,dx=\Big[2\sqrt{1+x}\,\Big]_0^1=2\sqrt{2}-2$ …答

(2) $\displaystyle\lim_{n\to\infty}\dfrac{1}{n}\sum_{k=1}^{n}\sin\dfrac{k\pi}{n}$

$=\displaystyle\int_0^1 \sin\pi x\,dx=\Big[-\dfrac{1}{\pi}\cos\pi x\Big]_0^1=-\dfrac{1}{\pi}(\cos\pi-\cos 0)=\dfrac{2}{\pi}$ …答

155 ［定積分と不等式(1)］

不等式 $2(\sqrt{n+1}-1)<1+\dfrac{1}{\sqrt{2}}+\dfrac{1}{\sqrt{3}}+\cdots+\dfrac{1}{\sqrt{n}}$ を証明し，$\displaystyle\sum_{k=1}^{\infty}\dfrac{1}{\sqrt{k}}$ が発散することを示せ。

$y=\dfrac{1}{\sqrt{x}}$ のグラフと x 軸，2直線 $x=k$，$x=k+1$ で囲まれた部分の

面積を $S(k)$ とすると $S(k)=\displaystyle\int_k^{k+1}\dfrac{1}{\sqrt{x}}\,dx$

直線 $y=\dfrac{1}{\sqrt{k}}$ と x 軸，2直線 $x=k$，$x=k+1$ で囲まれた長方形の

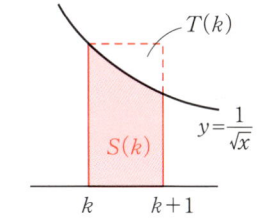

面積は $T(k)=\dfrac{1}{\sqrt{k}}$

図からわかるように $S(k)<T(k)$

よって，$\displaystyle\sum_{k=1}^{n}S(k)<\sum_{k=1}^{n}T(k)$ だから

$\displaystyle\int_1^2\dfrac{1}{\sqrt{x}}\,dx+\int_2^3\dfrac{1}{\sqrt{x}}\,dx+\cdots+\int_n^{n+1}\dfrac{1}{\sqrt{x}}\,dx<1+\dfrac{1}{\sqrt{2}}+\dfrac{1}{\sqrt{3}}+\cdots+\dfrac{1}{\sqrt{n}}$

左辺 $=\displaystyle\int_1^{n+1}\dfrac{1}{\sqrt{x}}\,dx=\Big[2\sqrt{x}\,\Big]_1^{n+1}=2(\sqrt{n+1}-1)$

したがって $2(\sqrt{n+1}-1)<1+\dfrac{1}{\sqrt{2}}+\dfrac{1}{\sqrt{3}}+\cdots+\dfrac{1}{\sqrt{n}}$

$\displaystyle\lim_{n\to\infty}2(\sqrt{n+1}-1)=\infty$ だから，$\displaystyle\sum_{k=1}^{\infty}\dfrac{1}{\sqrt{k}}=1+\dfrac{1}{\sqrt{2}}+\dfrac{1}{\sqrt{3}}+\cdots+\dfrac{1}{\sqrt{n}}+\cdots$ は発散する。 終

→ 問題 *p. 94*

156 ［定積分と不等式(2)］ テスト
次の問いに答えよ。

(1) $0<x<\dfrac{\pi}{2}$ のとき，$\dfrac{2}{\pi}x<\sin x<x$ であることを示せ。

$f(x)=\sin x$ とおく。

$f'(x)=\cos x$，$f'(0)=1$ より，$y=\sin x$ のグラフの原点における

接線の方程式は　$y=x$

一方，点$(0, 0)$ と点 $\left(\dfrac{\pi}{2}, 1\right)$ を通る直線の方程式は　$y=\dfrac{2}{\pi}x$

右のグラフより　$\dfrac{2}{\pi}x<\sin x<x$　終

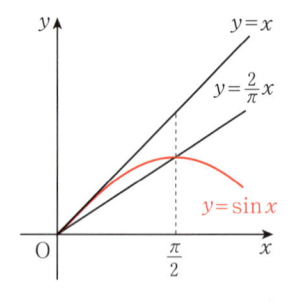

(2) (1)を利用して $\dfrac{\pi}{2}(e-1)<\displaystyle\int_0^{\frac{\pi}{2}}e^{\sin x}dx<e^{\frac{\pi}{2}}-1$ を示せ。

(1)より，$e^{\frac{2}{\pi}x}<e^{\sin x}<e^x$ だから　$\displaystyle\int_0^{\frac{\pi}{2}}e^{\frac{2}{\pi}x}dx<\int_0^{\frac{\pi}{2}}e^{\sin x}dx<\int_0^{\frac{\pi}{2}}e^x dx$

$\displaystyle\int_0^{\frac{\pi}{2}}e^{\frac{2}{\pi}x}dx=\left[\dfrac{\pi}{2}e^{\frac{2}{\pi}x}\right]_0^{\frac{\pi}{2}}=\dfrac{\pi}{2}(e-1)$，　$\displaystyle\int_0^{\frac{\pi}{2}}e^x dx=\left[e^x\right]_0^{\frac{\pi}{2}}=e^{\frac{\pi}{2}}-1$

したがって

$\dfrac{\pi}{2}(e-1)<\displaystyle\int_0^{\frac{\pi}{2}}e^{\sin x}dx<e^{\frac{\pi}{2}}-1$　終

157 ［漸化式と定積分］ 難

$I_n=\displaystyle\int_0^{\frac{\pi}{2}}\cos^n x\,dx$ とするとき，次の問いに答えよ。

(1) $I_n=\dfrac{n-1}{n}I_{n-2}$ $(n\geqq 2)$ が成り立つことを示せ。

$I_n=\displaystyle\int_0^{\frac{\pi}{2}}\cos^n x\,dx=\int_0^{\frac{\pi}{2}}\cos^{n-1}x(\sin x)'\,dx$

$\quad =\left[\sin x\cos^{n-1}x\right]_0^{\frac{\pi}{2}}-(n-1)\displaystyle\int_0^{\frac{\pi}{2}}\sin x\cos^{n-2}x(-\sin x)\,dx$

$\quad =(n-1)\displaystyle\int_0^{\frac{\pi}{2}}\cos^{n-2}x(1-\cos^2 x)\,dx=(n-1)\int_0^{\frac{\pi}{2}}\cos^{n-2}x\,dx-(n-1)\int_0^{\frac{\pi}{2}}\cos^n x\,dx$

$\quad =(n-1)I_{n-2}-(n-1)I_n$

よって，$nI_n=(n-1)I_{n-2}$ だから　$I_n=\dfrac{n-1}{n}I_{n-2}$　終

(2) (1)を利用して，定積分 $\displaystyle\int_0^{\frac{\pi}{2}}\cos^4 x\,dx$ を求めよ。

$I_4=\dfrac{3}{4}I_2=\dfrac{3}{4}\cdot\dfrac{1}{2}I_0=\dfrac{3}{4}\cdot\dfrac{1}{2}\displaystyle\int_0^{\frac{\pi}{2}}dx$

$\quad =\dfrac{3}{8}\left[x\right]_0^{\frac{\pi}{2}}=\dfrac{3}{16}\pi$　…答

10 面積と定積分

158 ［面積と定積分］
次の曲線や直線で囲まれた図形の面積 S を求めよ。

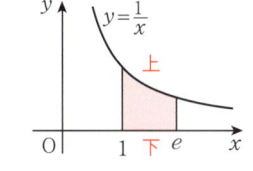

(1) $y=\dfrac{1}{x}$, x 軸, $x=1$, $x=e$

$$S=\int_1^e \dfrac{1}{x}dx=\Big[\log x\Big]_1^e=\log e-\log 1=\mathbf{1} \quad \cdots\text{答}$$

(2) $y=\sin x$, $y=\cos x-1$ $\left(0\leqq x\leqq \dfrac{3}{2}\pi\right)$

$\sin x=\cos x-1$

$\sin x-\cos x=-1$ より, $\sin\left(x-\dfrac{\pi}{4}\right)=-\dfrac{1}{\sqrt{2}}$ を解いて $x=0, \dfrac{3}{2}\pi$

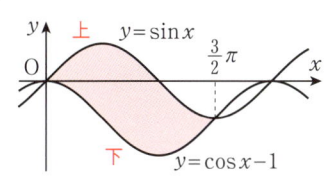

$$S=\int_0^{\frac{3}{2}\pi}(\sin x-\cos x+1)dx=\Big[-\cos x-\sin x+x\Big]_0^{\frac{3}{2}\pi}$$

$$=\left(1+\dfrac{3}{2}\pi\right)-(-1)=\mathbf{2+\dfrac{3}{2}\pi} \quad \cdots\text{答}$$

159 ［曲線とその接線で囲まれた部分の面積］
曲線 $C:y=\log x$ と, 原点を通る C の接線 l について, 次の問いに答えよ。

(1) 接線 l の方程式を求めよ。

$y=\log x$ 上の点 $(t, \log t)$ における接線の方程式は, $y'=\dfrac{1}{x}$ より $y-\log t=\dfrac{1}{t}(x-t)$

これが原点 $(0, 0)$ を通るから, $-\log t=-1$ より, $t=e$ で, 接線 l の方程式は $\boldsymbol{y=\dfrac{1}{e}x}$ $\cdots$ 答

(2) 曲線 C と接線 l と x 軸で囲まれた図形の面積 S を $\int_a^b f(x)dx$ と $\int_c^d g(y)dy$ の2通りの方法で求めよ。

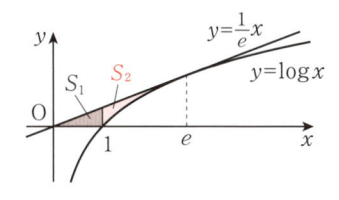

右の図の S_1 は三角形だから $S_1=\dfrac{1}{2}\cdot 1\cdot\dfrac{1}{e}=\dfrac{1}{2e}$

$$S_2=\int_1^e\left(\dfrac{1}{e}x-\log x\right)dx=\int_1^e\dfrac{1}{e}xdx-\int_1^e \log x(x)'dx$$

$$=\left[\dfrac{1}{2e}x^2\right]_1^e-\Big[x\log x\Big]_1^e+\int_1^e dx=\dfrac{e}{2}-\dfrac{1}{2e}-e\log e+\Big[x\Big]_1^e$$

$$=\dfrac{e}{2}-\dfrac{1}{2e}-e+e-1=\dfrac{e}{2}-\dfrac{1}{2e}-1 \quad 求める面積は \quad S=S_1+S_2=\boldsymbol{\dfrac{e}{2}-1} \quad \cdots\text{答}$$

曲線 $C:y=\log x$ より $x=e^y$ 接線 $l:y=\dfrac{1}{e}x$ より $x=ey$

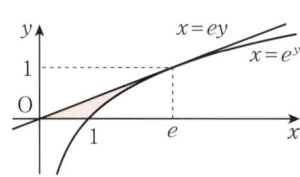

よって, 求める面積は

$$S=\int_0^1(e^y-ey)dy=\left[e^y-\dfrac{e}{2}y^2\right]_0^1=\left(e-\dfrac{e}{2}\right)-1=\boldsymbol{\dfrac{e}{2}-1} \quad \cdots\text{答}$$

160 ［部分積分法と面積］
$y=xe^x$，x軸，$x=1$で囲まれた図形の面積Sを求めよ。

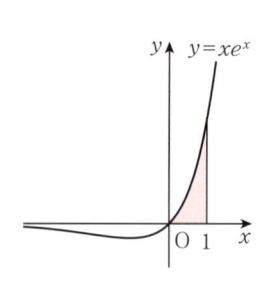

$$S=\int_0^1 xe^x dx=\int_0^1 x(e^x)' dx$$
$$=\Big[xe^x\Big]_0^1-\int_0^1 e^x dx=e-\Big[e^x\Big]_0^1=\mathbf{1} \quad \cdots\text{答}$$

161 ［不等式で表された領域の面積］
連立不等式 $x^2+y^2\leqq 1$，$y\geqq x^2-1$ で表される領域の面積を求めよ。

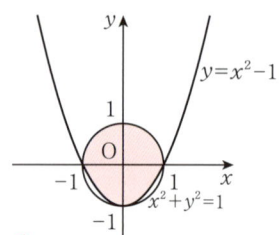

円 $x^2+y^2=1$ と放物線 $y=x^2-1$ との交点の座標を求める。
$y+1+y^2=1$ より $y=0,\ -1$
よって $(-1,\ 0),\ (1,\ 0),\ (0,\ -1)$
求める面積Sは
$$S=\int_{-1}^1\{\sqrt{1-x^2}-(x^2-1)\}dx=2\int_0^1\sqrt{1-x^2}dx+2\int_0^1(1-x^2)dx$$
$$=2\cdot\frac{\pi}{4}+2\Big[x-\frac{x^3}{3}\Big]_0^1=\frac{\pi}{2}+2\Big(1-\frac{1}{3}\Big)=\boldsymbol{\frac{\pi}{2}+\frac{4}{3}} \quad \cdots\text{答}$$

半径1の円の面積の$\frac{1}{4}$

162 ［媒介変数表示された曲線で囲まれた図形の面積］ 難
tを媒介変数とする曲線 $\begin{cases} x=4\cos t \\ y=\sin 2t \end{cases}$ $(0\leqq t\leqq 2\pi)$
で囲まれた図形の面積を求めよ。

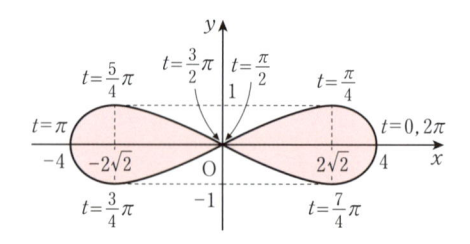

右の図のように，この曲線はx軸，y軸，原点に関して対称だから，第1象限の部分の面積を4倍する。
求める面積をSとすると $\dfrac{S}{4}=\int_0^4 y\,dx$

$x=4\cos t$ より $dx=-4\sin t\,dt$

x	0	$\to$	4
t	$\frac{\pi}{2}$	$\to$	0

$$\frac{S}{4}=\int_{\frac{\pi}{2}}^0 \sin 2t(-4\sin t)dt=-8\int_{\frac{\pi}{2}}^0 \sin^2 t\cos t\,dt=8\int_0^{\frac{\pi}{2}}\sin^2 t\cos t\,dt$$

$\sin t=u$ とおく。$\cos t\,dt=du$

t	0	$\to$	$\frac{\pi}{2}$
u	0	$\to$	1

$$\frac{S}{4}=8\int_0^1 u^2 du=8\Big[\frac{u^3}{3}\Big]_0^1=\frac{8}{3}$$

したがって，求める面積Sは $S=\dfrac{8}{3}\times 4=\boldsymbol{\dfrac{32}{3}}$ $\cdots$答

11 体積と定積分

163 [立体の体積]

xy 平面上の曲線 $C: y=\sin x \left(0 \leqq x \leqq \dfrac{\pi}{2}\right)$ を考える。曲線 C 上の点 $P(x, y)$ から x 軸に下ろした垂線と x 軸との交点を $Q(x, 0)$ とする。線分 PQ を1辺とする正方形 L を xy 平面に垂直に立てる。点 P が曲線 C 上を動くとき L が通過してできる立体の体積 V を求めよ。

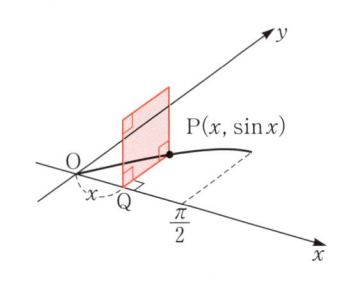

$PQ = \sin x$ だから,PQ を1辺とする正方形 L の面積 $S(x)$ は,
$S(x) = \sin^2 x$ である。

よって,求める体積 V は

$$V = \int_0^{\frac{\pi}{2}} \sin^2 x \, dx = \int_0^{\frac{\pi}{2}} \dfrac{1-\cos 2x}{2} dx$$

$$= \left[\dfrac{1}{2}x - \dfrac{\sin 2x}{4}\right]_0^{\frac{\pi}{2}} = \dfrac{\pi}{4} \quad \cdots \text{答}$$

164 [回転体の体積]

曲線 $y = \sqrt{x+1} - 1$ と x 軸および直線 $x=3$ とで囲まれた図形を x 軸のまわりに1回転してできる立体の体積 V を求めよ。

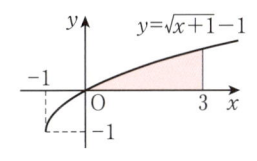

$$V = \pi \int_0^3 (\sqrt{x+1} - 1)^2 dx = \pi \int_0^3 (x + 2 - 2\sqrt{x+1}) dx$$

$$= \pi \left[\dfrac{x^2}{2} + 2x - \dfrac{4}{3}\sqrt{(x+1)^3}\right]_0^3 = \pi \left\{\left(\dfrac{9}{2} + 6 - \dfrac{32}{3}\right) + \dfrac{4}{3}\right\} = \dfrac{7}{6}\pi \quad \cdots \text{答}$$

165 [放物線の回転体の体積] 必修 テスト

a を正の定数とし,曲線 $y = (x-a)^2$,x 軸および y 軸とで囲まれた部分を,x 軸のまわりに1回転してできる立体の体積と,y 軸のまわりに1回転してできる立体の体積とが等しくなるように,a の値を定めよ。

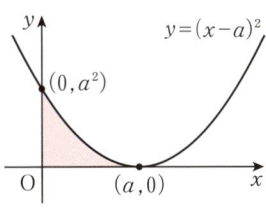

x 軸,y 軸のまわりに1回転してできる立体の体積をそれぞれ V_x,V_y とおく。

$$V_x = \int_0^a \pi(x-a)^4 dx = \dfrac{\pi}{5}\left[(x-a)^5\right]_0^a = \dfrac{\pi}{5}a^5$$

また,$y = (x-a)^2$,$x \leqq a$ より $\sqrt{y} = -(x-a)$ $\quad x = a - \sqrt{y}$

$$V_y = \int_0^{a^2} \pi(a-\sqrt{y})^2 dy = \pi \int_0^{a^2} (a^2 - 2a\sqrt{y} + y) dy = \pi\left[a^2 y - 2a \cdot \dfrac{2}{3}y^{\frac{3}{2}} + \dfrac{1}{2}y^2\right]_0^{a^2} = \dfrac{\pi}{6}a^4$$

$V_x = V_y$ だから $\dfrac{\pi}{5}a^5 = \dfrac{\pi}{6}a^4$ $\quad a > 0$ より $\boldsymbol{a = \dfrac{5}{6}}$ $\cdots$ 答

→ 問題 p. 98

166 ［円の回転体の体積］
円 $x^2+(y-a)^2=r^2$ $(a>r>0)$ を x 軸のまわりに 1 回転してできる回転体の体積 V を求めよ。

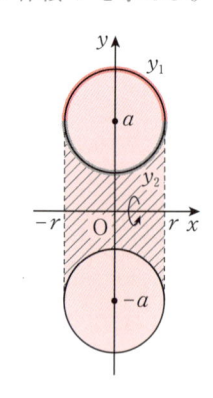

$x^2+(y-a)^2=r^2$ より，$y=a\pm\sqrt{r^2-x^2}$ であるから，x 軸からみて，
$y_1=a+\sqrt{r^2-x^2}$ が外側の曲線，$y_2=a-\sqrt{r^2-x^2}$ が内側の曲線。

$$V=\pi\int_{-r}^{r}y_1{}^2dx-\pi\int_{-r}^{r}y_2{}^2dx$$

$$=\pi\int_{-r}^{r}(y_1{}^2-y_2{}^2)dx$$

　　　　　　　　　　　$(y_1+y_2)(y_1-y_2)=2a\cdot 2\sqrt{r^2-x^2}$

$$=4\pi a\int_{-r}^{r}\sqrt{r^2-x^2}\,dx=8\pi a\int_{0}^{r}\sqrt{r^2-x^2}\,dx$$

　　　　　　　　　　　　　　　　半径 r の円の面積の $\dfrac{1}{4}$

$$=8\pi a\cdot\dfrac{\pi r^2}{4}=\boldsymbol{2\pi^2 ar^2} \quad\cdots\text{答}$$

167 ［媒介変数表示された曲線の回転体の体積］🌢 難
θ を媒介変数とする曲線 $\begin{cases}x=a\cos^3\theta\\y=a\sin^3\theta\end{cases}$ で囲まれた図形を，

x 軸のまわりに 1 回転してできる立体の体積 V を求めよ。

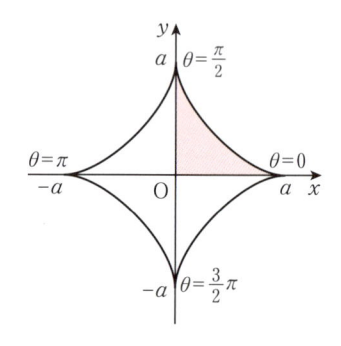

この曲線は，x 軸，y 軸，原点に関して対称である。
第 1 象限の図形を回転させ，2 倍する。

$x=a\cos^3\theta$ より　$dx=3a\cos^2\theta(-\sin\theta)d\theta$

x	0	$\to$	a
θ	$\dfrac{\pi}{2}$	$\to$	0

$$\dfrac{V}{2}=\int_{0}^{a}\pi y^2 dx=\int_{\frac{\pi}{2}}^{0}\pi\cdot a^2\sin^6\theta\cdot 3a\cos^2\theta(-\sin\theta)d\theta$$

$$=-3\pi a^3\int_{\frac{\pi}{2}}^{0}\sin^7\theta\cos^2\theta\,d\theta=3\pi a^3\int_{0}^{\frac{\pi}{2}}(1-\cos^2\theta)^3\cos^2\theta\sin\theta\,d\theta$$

$\cos\theta=t$ とおくと　$-\sin\theta\,d\theta=dt$

θ	0	$\to$	$\dfrac{\pi}{2}$
t	1	$\to$	0

$$\dfrac{V}{2}=3\pi a^3\int_{1}^{0}(1-t^2)^3 t^2(-1)dt=3\pi a^3\int_{0}^{1}(t^2-3t^4+3t^6-t^8)dt$$

$$=3\pi a^3\left[\dfrac{1}{3}t^3-\dfrac{3}{5}t^5+\dfrac{3}{7}t^7-\dfrac{1}{9}t^9\right]_{0}^{1}=3\pi a^3\left(\dfrac{1}{3}-\dfrac{3}{5}+\dfrac{3}{7}-\dfrac{1}{9}\right)=\dfrac{16}{105}\pi a^3$$

したがって　$V=\boldsymbol{\dfrac{32}{105}\pi a^3}$ $\cdots$答

168 ［部分積分法と体積］🌢 難
$y=e^{-x}\sin x$ $(0\leqq x\leqq n\pi)$ と x 軸で囲まれた部分を x 軸のまわりに 1 回転させてできる回転体の体積を V_n とおく。V_n および極限値 $\lim_{n\to\infty}V_n$ を求めよ。

$$V_n=\pi\int_{0}^{n\pi}y^2 dx=\pi\int_{0}^{n\pi}e^{-2x}\sin^2 x\,dx$$

$$=\pi\int_{0}^{n\pi}e^{-2x}\cdot\dfrac{1}{2}(1-\cos 2x)dx=\dfrac{\pi}{2}\int_{0}^{n\pi}e^{-2x}dx-\dfrac{\pi}{2}\int_{0}^{n\pi}e^{-2x}\cos 2x\,dx \quad\cdots\text{①}$$

ここで $\int_0^{n\pi} e^{-2x}\cos 2x\,dx = \left[\dfrac{1}{2}e^{-2x}\sin 2x\right]_0^{n\pi} + \int_0^{n\pi} e^{-2x}\sin 2x\,dx = \int_0^{n\pi} e^{-2x}\sin 2x\,dx$

$\qquad\qquad\qquad\qquad = \left[-\dfrac{1}{2}e^{-2x}\cos 2x\right]_0^{n\pi} - \int_0^{n\pi}\left(-\dfrac{1}{2}\cos 2x\right)(-2e^{-2x})\,dx$

$\qquad\qquad\qquad\qquad = -\dfrac{1}{2}e^{-2n\pi} - \left(-\dfrac{1}{2}\right) - \int_0^{n\pi} e^{-2x}\cos 2x\,dx$

ゆえに $\int_0^{n\pi} e^{-2x}\cos 2x\,dx = -\dfrac{1}{4}(e^{-2n\pi}-1)$ これと①より

$V_n = \dfrac{\pi}{2}\left[-\dfrac{1}{2}e^{-2x}\right]_0^{n\pi} - \dfrac{\pi}{2}\cdot\left(-\dfrac{1}{4}\right)(e^{-2n\pi}-1) = \dfrac{\pi}{2}\left(-\dfrac{1}{2}e^{-2n\pi}+\dfrac{1}{2}\right) + \dfrac{\pi}{8}(e^{-2n\pi}-1)$

$\qquad = \dfrac{\pi}{8}(1-e^{-2n\pi})$ …答

よって $\displaystyle\lim_{n\to\infty} V_n = \lim_{n\to\infty}\dfrac{\pi}{8}(1-e^{-2n\pi}) = \dfrac{\pi}{8}$ …答

169 [減衰曲線の面積と級数] 難

数列 $\{a_n\}$ を次のように定義する。

$a_n = \displaystyle\int_{(n-1)\pi}^{n\pi} e^{-x}\sin 2x\,dx$

(1) a_1 を求めよ。

$a_n = \displaystyle\int_{(n-1)\pi}^{n\pi} e^{-x}\sin 2x\,dx$ より

$a_1 = \displaystyle\int_0^{\pi} e^{-x}\sin 2x\,dx = \left[-e^{-x}\sin 2x\right]_0^{\pi} + 2\int_0^{\pi} e^{-x}\cos 2x\,dx = 2\int_0^{\pi} e^{-x}\cos 2x\,dx$ …①

また $\displaystyle\int_0^{\pi} e^{-x}\cos 2x\,dx = \left[-e^{-x}\cos 2x\right]_0^{\pi} - 2\int_0^{\pi} e^{-x}\sin 2x\,dx = -(e^{-\pi}-1)-2a_1$ …②

①, ②より $a_1 = -2(e^{-\pi}-1)-4a_1$ よって $a_1 = \dfrac{2}{5}(1-e^{-\pi})$ …答

(2) $\displaystyle\sum_{n=1}^{\infty} a_n^2$ を求めよ。

$x-(n-1)\pi = t$ とおくと $dx = dt$

x	$(n-1)\pi$	$\to$	$n\pi$
t	0	$\to$	π

よって $a_n = \displaystyle\int_{(n-1)\pi}^{n\pi} e^{-x}\sin 2x\,dx = \int_0^{\pi} e^{-t-(n-1)\pi}\sin 2\{t+(n-1)\pi\}\,dt$

$\qquad = e^{-(n-1)\pi}\displaystyle\int_0^{\pi} e^{-t}\sin 2t\,dt = e^{-(n-1)\pi}a_1$

したがって $a_n^2 = (e^{-2\pi})^{n-1} a_1^2$

数列 $\{a_n^2\}$ は,初項 $a_1^2 = \dfrac{4}{25}(1-e^{-\pi})^2$,公比 $e^{-2\pi}$ の等比数列。

$0 < e^{-2\pi} < 1$ であるから $\displaystyle\sum_{n=1}^{\infty} a_n^2 = \dfrac{a_1^2}{1-e^{-2\pi}} = \dfrac{4(1-e^{-\pi})^2}{25(1+e^{-\pi})(1-e^{-\pi})} = \dfrac{4(1-e^{-\pi})}{25(1+e^{-\pi})}$ …答

➡ 問題 *p. 100*

12 曲線の長さ・道のり

170 ［曲線の長さ(1)］
曲線 $x=e^t\cos t$, $y=e^t\sin t$ $(0\leq t\leq 1)$ の長さ L を求めよ。

$\dfrac{dx}{dt}=e^t\cos t-e^t\sin t$

$\dfrac{dy}{dt}=e^t\sin t+e^t\cos t$

$\left(\dfrac{dx}{dt}\right)^2+\left(\dfrac{dy}{dt}\right)^2=e^{2t}(\cos t-\sin t)^2+e^{2t}(\sin t+\cos t)^2$

$\qquad\qquad\qquad=2e^{2t}(\cos^2 t+\sin^2 t)=2e^{2t}$

よって，求める長さ L は

$L=\displaystyle\int_0^1\sqrt{\left(\dfrac{dx}{dt}\right)^2+\left(\dfrac{dy}{dt}\right)^2}dt$

$\quad=\displaystyle\int_0^1\sqrt{2}\,e^t\,dt=\sqrt{2}\Big[e^t\Big]_0^1=\boldsymbol{\sqrt{2}(e-1)}$ …㊎

171 ［曲線の長さ(2)］
曲線 $y=\log(\sin x)$ $\left(\dfrac{\pi}{3}\leq x\leq \dfrac{\pi}{2}\right)$ の長さ L を求めよ。

$y'=\dfrac{\cos x}{\sin x}$ だから $1+(y')^2=1+\dfrac{\cos^2 x}{\sin^2 x}=\dfrac{1}{\sin^2 x}$

よって $L=\displaystyle\int_{\frac{\pi}{3}}^{\frac{\pi}{2}}\sqrt{\dfrac{1}{\sin^2 x}}\,dx=\int_{\frac{\pi}{3}}^{\frac{\pi}{2}}\dfrac{1}{\sin x}dx=\int_{\frac{\pi}{3}}^{\frac{\pi}{2}}\dfrac{\sin x}{\sin^2 x}dx$

$\qquad=\displaystyle\int_{\frac{\pi}{3}}^{\frac{\pi}{2}}\dfrac{\sin x}{1-\cos^2 x}dx$

$\cos x=t$ とおくと，$-\sin x\dfrac{dx}{dt}=1$ より $\sin x\,dx=(-1)dt$

x	$\dfrac{\pi}{3}$	$\to$	$\dfrac{\pi}{2}$
t	$\dfrac{1}{2}$	$\to$	0

$L=\displaystyle\int_{\frac{1}{2}}^0\dfrac{1}{1-t^2}(-1)dt=\int_0^{\frac{1}{2}}\dfrac{1}{1-t^2}dt$

$\quad=\dfrac{1}{2}\displaystyle\int_0^{\frac{1}{2}}\left(\dfrac{1}{1-t}+\dfrac{1}{1+t}\right)dt$

$\quad=\dfrac{1}{2}\Big[-\log|1-t|+\log|1+t|\Big]_0^{\frac{1}{2}}$

$\quad=\dfrac{1}{2}\Big[\log\left|\dfrac{1+t}{1-t}\right|\Big]_0^{\frac{1}{2}}$

$\quad=\dfrac{1}{2}\log\left|\dfrac{1+\frac{1}{2}}{1-\frac{1}{2}}\right|=\boldsymbol{\dfrac{1}{2}\log 3}$ …㊎

> $\dfrac{1}{1-t^2}=\dfrac{a}{1-t}+\dfrac{b}{1+t}$
> $\qquad=\dfrac{(a-b)t+a+b}{1-t^2}$
> $a-b=0\quad a+b=1$
> を解いて
> $a=b=\dfrac{1}{2}$

172 ［道のり］
座標平面上を動く点 P の時刻 t における座標が

$$x=\int_0^t (1+\theta)\cos\theta\, d\theta, \quad y=\int_0^t (1+\theta)\sin\theta\, d\theta$$

で与えられている。時刻 $t=0$ から 2π までの点 P の動く道のり L を求めよ。

$\dfrac{dx}{dt}=(1+t)\cos t, \quad \dfrac{dy}{dt}=(1+t)\sin t$ だから，求める道のり L は

$$L=\int_0^{2\pi}\sqrt{\left(\dfrac{dx}{dt}\right)^2+\left(\dfrac{dy}{dt}\right)^2}\,dt=\int_0^{2\pi}\sqrt{(1+t)^2(\cos^2 t+\sin^2 t)}\,dt$$

$$=\int_0^{2\pi}(1+t)\,dt=\left[t+\dfrac{t^2}{2}\right]_0^{2\pi}=2\pi+2\pi^2=\boldsymbol{2\pi(1+\pi)} \quad \cdots \text{答}$$

13 微分方程式

173 ［微分方程式］
次の微分方程式を解け。

$\dfrac{dy}{dx}=e^y$ （$x=e$, $y=-1$ を満たす）

$e^{-y}\dfrac{dy}{dx}=1$ より，$\int e^{-y}\,dy=\int dx$ だから $-e^{-y}=x+C$

$x=e$, $y=-1$ を代入して，$-e=e+C$ より $C=-2e$

$-e^{-y}=x-2e$ より $e^{-y}=2e-x$ よって $\boldsymbol{y=-\log(2e-x)}$ $\cdots$ 答

174 ［曲線の決定］
p を任意の定数とする放物線 $y^2=4px$ と交わる曲線があり，交点におけるそれぞれの接線の傾きは垂直である。この曲線の中で点 $(0, 1)$ を通るものの方程式を求めよ。

$y^2=4px$ の両辺を x で微分して $2y\cdot\dfrac{dy}{dx}=4p$

$p=\dfrac{y^2}{4x}$ を代入して $2y\cdot\dfrac{dy}{dx}=\dfrac{y^2}{x}$ $\dfrac{dy}{dx}=\dfrac{y}{2x}$

この放物線と直交する曲線の微分方程式は $\dfrac{dy}{dx}=-\dfrac{2x}{y}$

この微分方程式を解くと，$\int y\,dy=\int(-2x)\,dx$ より $\dfrac{1}{2}y^2=-x^2+C$

点 $(0, 1)$ を通るから $\dfrac{1}{2}=C$

よって，$\dfrac{y^2}{2}=-x^2+\dfrac{1}{2}$ を整理して，求める曲線の方程式は $\boldsymbol{2x^2+y^2=1}$ $\cdots$ 答

5章 積分法とその応用

入試問題にチャレンジ

26 次の不定積分を求めよ。

(1) $\int \dfrac{x^2}{x^2-1} dx$ （茨城大）

与式 $= \int \left(1 + \dfrac{1}{x^2-1}\right)dx = \int \left\{1 + \dfrac{1}{2}\left(\dfrac{1}{x-1} - \dfrac{1}{x+1}\right)\right\}dx$

$= x + \dfrac{1}{2}(\log|x-1| - \log|x+1|) + C = \boldsymbol{x + \dfrac{1}{2}\log\left|\dfrac{x-1}{x+1}\right| + C}$ …答

(2) $\int \cos^3 x\, dx$ （岡山県立大）

$\sin x = t$ とおくと $\cos x\, dx = dt$

与式 $= \int (1-\sin^2 x)\cos x\, dx = \int (1-t^2)dt = t - \dfrac{t^3}{3} + C = \boldsymbol{\sin x - \dfrac{\sin^3 x}{3} + C}$ …答

27 次の定積分を求めよ。

(1) $\int_{-1}^{1} \sqrt{4-x^2}\, dx$ （奈良教育大）

$= 2\int_{0}^{1} \sqrt{4-x^2}\, dx$ 　　　$x = 2\sin\theta$ とおくと $dx = 2\cos\theta\, d\theta$

x	0	$\to$	1
θ	0	$\to$	$\dfrac{\pi}{6}$

$= 2\int_{0}^{\frac{\pi}{6}} \sqrt{4-4\sin^2\theta}\cdot 2\cos\theta\, d\theta = 8\int_{0}^{\frac{\pi}{6}} \cos^2\theta\, d\theta$

$= 4\int_{0}^{\frac{\pi}{6}} (1+\cos 2\theta)d\theta = 4\left[\theta + \dfrac{1}{2}\sin 2\theta\right]_{0}^{\frac{\pi}{6}} = 4\left(\dfrac{\pi}{6} + \dfrac{1}{2}\sin\dfrac{\pi}{3}\right) = \boldsymbol{\dfrac{2}{3}\pi + \sqrt{3}}$ …答

(2) $\int_{1}^{e} x^2 \log x\, dx$ （東京電機大）

$= \left[\dfrac{1}{3}x^3 \log x\right]_{1}^{e} - \int_{1}^{e} \dfrac{1}{3}x^3 \cdot \dfrac{1}{x}dx = \dfrac{1}{3}e^3 - \dfrac{1}{3}\left[\dfrac{1}{3}x^3\right]_{1}^{e} = \boldsymbol{\dfrac{2}{9}e^3 + \dfrac{1}{9}}$ …答

28 $x \geqq 0$ のとき，関数 $F(x) = -x + \int_{0}^{x} (xt-t^2)e^t dt$ が最小となるときの x の値を求めよ。

（大分大・改）

$F(x) = -x + x\int_{0}^{x} te^t dt - \int_{0}^{x} t^2 e^t dt$ であるから

$F'(x) = -1 + \int_{0}^{x} te^t dt + x^2 e^x - x^2 e^x = -1 + \int_{0}^{x} te^t dt$

$= -1 + \int_{0}^{x} t(e^t)' dt = -1 + \left[te^t\right]_{0}^{x} - \int_{0}^{x} e^t dt$

$= -1 + xe^x - \left[e^t\right]_{0}^{x} = -1 + xe^x - e^x + 1 = (x-1)e^x$

x	0	$\cdots$	1	$\cdots$
$F'(x)$		$-$	0	$+$
$F(x)$	0	$\searrow$	最小	$\nearrow$

増減表より $\boldsymbol{x=1}$ …答

29 曲線 $C: y = xe^{-2x}$ の変曲点と原点を通る直線を l とする。曲線 C と直線 l で囲まれた部分の面積を求めよ。

(弘前大)

$f(x) = xe^{-2x}$ とおくと
$f'(x) = e^{-2x} + x \cdot (-2)e^{-2x} = (1-2x)e^{-2x}$
$f''(x) = -2e^{-2x} + (1-2x) \cdot (-2)e^{-2x}$
$= 4(x-1)e^{-2x}$

x	$-\infty$	$\cdots$	$\dfrac{1}{2}$	$\cdots$	1	$\cdots$	∞
$f'(x)$		$+$	0	$-$	$-$	$-$	
$f''(x)$		$-$	$-$	$-$	0	$+$	
$f(x)$	$-\infty$	↗	$\dfrac{1}{2e}$	↘	$\dfrac{1}{e^2}$	↘	0

より、変曲点の座標は $\left(1, \dfrac{1}{e^2}\right)$ である。

直線 l の方程式は $y = \dfrac{1}{e^2}x$

曲線 C と直線 l で囲まれた部分の面積を S とすると

$S = \displaystyle\int_0^1 \left(xe^{-2x} - \dfrac{1}{e^2}x\right)dx$

$= \displaystyle\int_0^1 x\left(-\dfrac{1}{2}e^{-2x}\right)'dx - \int_0^1 \dfrac{1}{e^2}x\,dx$

$= \left[-\dfrac{1}{2}xe^{-2x}\right]_0^1 - \displaystyle\int_0^1 \left(-\dfrac{1}{2}e^{-2x}\right)dx - \left[\dfrac{1}{2e^2}x^2\right]_0^1$

$= -\dfrac{1}{2e^2} - \left[\dfrac{1}{4}e^{-2x}\right]_0^1 - \dfrac{1}{2e^2} = -\dfrac{1}{2e^2} - \dfrac{1}{4e^2} + \dfrac{1}{4} - \dfrac{1}{2e^2} = \dfrac{1}{4}\left(1 - \dfrac{5}{e^2}\right)$ …答

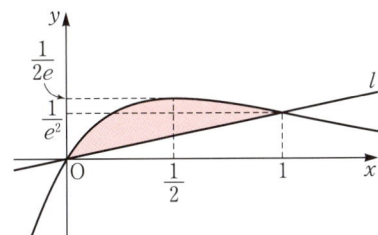

30 $0 \leqq x \leqq \dfrac{\pi}{2}$ において、$y = \sin x$ と $y = \sqrt{3}\cos x$ にはさまれた図形を D とする。D を x 軸のまわりに 1 回転してできる立体の体積を求めよ。

(三重大・改)

$y = \sin x$ …① $y = \sqrt{3}\cos x$ …②

$0 \leqq x \leqq \dfrac{\pi}{2}$ で①,②の交点の x 座標を求める。

$\sin x = \sqrt{3}\cos x$ より、$\dfrac{\sin x}{\cos x} = \sqrt{3}$ だから、

$\tan x = \sqrt{3}$ となり $x = \dfrac{\pi}{3}$

したがって、求める回転体の体積を V とすると

$V = \pi\displaystyle\int_0^{\frac{\pi}{3}}(3\cos^2 x - \sin^2 x)dx + \pi\int_{\frac{\pi}{3}}^{\frac{\pi}{2}}(\sin^2 x - 3\cos^2 x)dx$

$= \pi\displaystyle\int_0^{\frac{\pi}{3}}\left(3 \cdot \dfrac{1+\cos 2x}{2} - \dfrac{1-\cos 2x}{2}\right)dx + \pi\int_{\frac{\pi}{3}}^{\frac{\pi}{2}}\left(\dfrac{1-\cos 2x}{2} - 3 \cdot \dfrac{1+\cos 2x}{2}\right)dx$

$= \pi\displaystyle\int_0^{\frac{\pi}{3}}(2\cos 2x + 1)dx - \pi\int_{\frac{\pi}{3}}^{\frac{\pi}{2}}(2\cos 2x + 1)dx = \pi\left[\sin 2x + x\right]_0^{\frac{\pi}{3}} - \pi\left[\sin 2x + x\right]_{\frac{\pi}{3}}^{\frac{\pi}{2}}$

$= \pi\left\{\left(\dfrac{\sqrt{3}}{2} + \dfrac{\pi}{3}\right) - \left(\dfrac{\pi}{2} - \dfrac{\sqrt{3}}{2} - \dfrac{\pi}{3}\right)\right\} = \sqrt{3}\pi + \dfrac{\pi^2}{6}$ …答

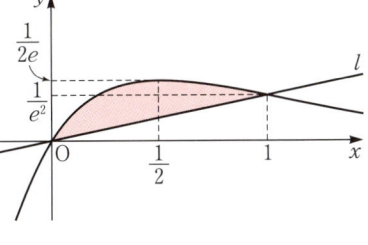

㉛ 平面上の曲線 C が媒介変数 t を用いて $x = \sin t - t\cos t$, $y = \cos t + t\sin t$ $(0 \leq t \leq \pi)$ で与えられているとき，曲線 C の長さを求めよ。 　　　　　　　　　　　　　　　　　　　　　　　　　　　　　　　　　(九州大・改)

$\dfrac{dx}{dt} = \cos t - \cos t + t\sin t = t\sin t$, $\dfrac{dy}{dt} = -\sin t + \sin t + t\cos t = t\cos t$ より，C の長さ L は

$L = \displaystyle\int_0^\pi \sqrt{\left(\dfrac{dx}{dt}\right)^2 + \left(\dfrac{dy}{dt}\right)^2}\, dt = \int_0^\pi \sqrt{t^2(\sin^2 t + \cos^2 t)}\, dt = \int_0^\pi t\, dt = \left[\dfrac{t^2}{2}\right]_0^\pi = \dfrac{\pi^2}{2}$ 　…圏

㉜ 第 1 象限内に曲線 C がある。C 上の任意の点 P における接線が x 軸，y 軸と交わる点をそれぞれ Q，R とする。点 P は常に線分 QR を 2 : 1 に外分するという。このとき，曲線 C の満たす微分方程式は ［ア］である。また，C が点 $(4,\ 1)$ を通るとき，C の方程式は ［イ］である。 　(日本大)

$C : y = f(x)$ とおくと，曲線 C 上の点 P$(t,\ f(t))$ における接線の方程式は
　　$y - f(t) = f'(t)(x - t)$

x 軸との交点の座標は，$y = 0$ を代入して，$x = t - \dfrac{f(t)}{f'(t)}$ より 　Q$\left(t - \dfrac{f(t)}{f'(t)},\ 0\right)$

y 軸との交点の座標は，$x = 0$ を代入して，$y = f(t) - tf'(t)$ より 　R$(0,\ f(t) - tf'(t))$

QR を 2 : 1 に外分する点の座標は $\left(-t + \dfrac{f(t)}{f'(t)},\ 2\{f(t) - tf'(t)\}\right)$ であり，この点が P である。

よって，$t = -t + \dfrac{f(t)}{f'(t)}$, $f(t) = 2f(t) - 2tf'(t)$ より 　$f'(t) = \dfrac{f(t)}{2t}$

$t = x$, $f'(t) = \dfrac{dy}{dx}$, $f(t) = y$ とすると，求める微分方程式は 　$\boldsymbol{\dfrac{dy}{dx} = \dfrac{y}{2x}}$ ア 　…圏

$\dfrac{dy}{dx} = \dfrac{y}{2x}$ より，$\displaystyle\int \dfrac{1}{y}\, dy = \int \dfrac{1}{2x}\, dx$ だから 　$\log|y| = \dfrac{1}{2}\log|x| + C$

よって 　$\log y^2 = \log e^{2C}|x|$ 　　ゆえに 　$y^2 = e^{2C} x$

点 $(4,\ 1)$ を通るから，$1 = 4e^{2C}$ より，$e^{2C} = \dfrac{1}{4}$ となり 　$y^2 = \dfrac{1}{4}x$

C は第 1 象限内にあるから，$x > 0$, $y > 0$ となり 　$\boldsymbol{y = \dfrac{1}{2}\sqrt{x}}$ イ 　…圏

問題の縮刷（チェック欄付き）

★できた問題にはチェックをつけましょう。
★問題は拡大コピーをして使うと便利です。
（200％にすると，本冊と同じ大きさになります。）

1 [放物線の焦点と準線] 必修 テスト
次の放物線の焦点および準線を求めよ。
(1) $y^2=2x$　　(2) $x^2=-2y$

2 [放物線の方程式と準線]
次の放物線の方程式を求めよ。また，その概形をかけ。
(1) 焦点 $(-1, 0)$，準線 $x=1$　　(2) 頂点 $(0, 0)$，準線 $y=-3$

3 [軌跡の求め方(1)] テスト
直線 $x=-2$ に接し，定点 A$(2, 0)$ を通る円の中心Pの軌跡を求めよ。

4 [軌跡の求め方(2)]
$x>0$ の範囲で y 軸に接し，円 $(x-3)^2+y^2=9$ に外接する円の中心Pの軌跡を求めよ。

5 [楕円の概形] 必修 テスト
楕円 $4x^2+9y^2=36$ の頂点，焦点および長軸，短軸の長さを求め，その概形をかけ。

6 [楕円となる軌跡] テスト
長さ6の線分 AB があり，端点 A は x 軸上，端点 B は y 軸上を動くとき，線分 AB を $2:1$ に内分する点Pの軌跡を求めよ。

7 [楕円の方程式]
楕円 $\dfrac{x^2}{5}+\dfrac{y^2}{2}=1$ と同じ焦点をもち，点 $(0, 1)$ を通る楕円の方程式を求めよ。

8 [円の拡大・縮小で楕円を求める]
円 $x^2+y^2=6^2$ を次のように拡大，縮小したときの楕円の方程式を求めよ。
(1) y 軸方向に $\dfrac{2}{3}$ 倍に縮小
(2) x 軸方向に $\dfrac{3}{2}$ 倍に拡大

9 [双曲線の方程式]
2定点 $F(4, 0)$, $F'(-4, 0)$ からの距離の差が6である双曲線の方程式を求めよ。

10 [双曲線の概形(1)] 必修 テスト
双曲線 $\dfrac{x^2}{4}-y^2=1$ の焦点，漸近線を求めて，概形をかけ。

11 [双曲線の概形(2)]
双曲線 $\dfrac{x^2}{4}-\dfrac{y^2}{9}=-1$ の焦点，漸近線を求めて，概形をかけ。

12 [双曲線の方程式]
焦点が $F(5, 0)$, $F'(-5, 0)$, 2頂点間の距離が6の双曲線の方程式を求めよ。

13 [双曲線の性質の証明]
双曲線 $\dfrac{x^2}{a^2}-\dfrac{y^2}{b^2}=1$ 上の点Pを通り，y 軸に平行な直線が2つの漸近線と交わる点を Q, R とするとき，PQ・PR が一定であることを証明せよ。

14 [楕円の平行移動]
楕円 $\dfrac{(x-1)^2}{16}+\dfrac{(y+2)^2}{9}=1$ の焦点を求めよ。また概形をかけ。

15 [双曲線の平行移動] テスト
双曲線 $9x^2-4y^2+18x+24y+9=0$ の焦点，漸近線を求めよ。また概形をかけ。

16 [2次曲線と直線の共有点]
次の2次曲線と直線との共有点の座標を求めよ。
(1) $x^2+4y^2=16$ ……①　　$x+y=2$ ……②
(2) $y^2=4x$ ……①　　$y=x+1$ ……②

17 [2次曲線と直線が接する条件] 必修 テスト
双曲線 $\dfrac{x^2}{9}-\dfrac{y^2}{4}=1$ ……①と直線 $y=x+k$ ……②とが接するときの k の値と，その接線の方程式を求めよ。

18 [2次曲線の軌跡]
定点 $F(1, 0)$ と定直線 $l:x=4$ がある。点Pから直線 l に垂線PHを引くとき，PF : PH = 1 : 2 を満たす点Pの軌跡を求めよ。

19 [円の媒介変数表示]
次の円の媒介変数表示を求めよ。
(1) $x^2+y^2=16$　　(2) $x^2+y^2=5$

20 [楕円の媒介変数表示]
次の楕円の媒介変数表示を求めよ。
(1) $\dfrac{x^2}{16}+y^2=1$　　(2) $\dfrac{x^2}{9}+\dfrac{y^2}{25}=1$

21 [媒介変数表示された図形]
次の媒介変数表示はどのような曲線を表すか。
(1) $\begin{cases} x=4\cos\theta+3 \\ y=3\sin\theta+1 \end{cases}$　　(2) $\begin{cases} x=\dfrac{3}{\cos\theta} \\ y=2\tan\theta \end{cases}$

22 [インボリュート]
右の図のように原点Oを中心とする半径 a の円に巻きつけられた糸の端点Pをひっぱりながらほどく。点Pは最初 $A(a, 0)$ にあり，糸と円との接点をQとおき，OQ と x 軸のなす角を θ として，点Pの描く軌跡を媒介変数 θ を用いて表せ。

23 [極座標→直交座標]
極座標が次のような点の直交座標を求めよ。
(1) $\left(2, \dfrac{\pi}{6}\right)$
(2) $(3, \pi)$
(3) $\left(4, \dfrac{7}{4}\pi\right)$

24 [直交座標→極座標] 必修
直交座標が次のような点の極座標 (r, θ) を求めよ。（ただし，$0 \leqq \theta < 2\pi$）
(1) $(1, -\sqrt{3})$
(2) $(-\sqrt{2}, \sqrt{2})$
(3) $(0, 1)$

25 [直交座標の方程式→極方程式] テスト
次の直交座標による方程式を，極方程式に直せ。
(1) $\sqrt{3}x+y-2=0$
(2) $\dfrac{x^2}{3}-y^2=1$
(3) $x^2+y^2-2x-2\sqrt{3}y=0$

26 [極方程式→直交座標] テスト
次の極方程式を，直交座標による方程式に直せ。
(1) $r\cos\left(\theta+\dfrac{\pi}{3}\right)=1$
(2) $r=4\sin\theta$
(3) $r=\sqrt{2}\cos\left(\theta+\dfrac{\pi}{4}\right)$

27 [2次曲線と極方程式]
直交座標において，定点 $F(1, 0)$ と直線 $l:x=4$ がある。点Pから直線 l に垂線PHを引くとき，PF : PH = 1 : 2 を満たしながら動く点Pがある。Fを極，x 軸の正の部分の半直線とのなす角 θ を偏角とする極座標を定めるとき，次の問いに答えよ。
(1) 点Pの軌跡を $r=f(\theta)$ の形の極方程式で表せ。（ただし，$0 \leqq \theta < 2\pi$，$r>0$）
(2) 点Fにおいて垂直に交わる2直線が，(1)で求めた曲線によって切り取られる線分を AB, CD とするとき，$\dfrac{1}{AB}+\dfrac{1}{CD}$ の値を求めよ。

❶ 曲線 $2y^2+3x+4y+5=0$ について，焦点の座標と準線の方程式を求めよ。（山梨大・改）

❷ 曲線 $2x^2-y^2+8x+2y+11=0$ について，焦点の座標と準線の方程式を求めよ。（慶應大・改）

❸ xy 平面上の楕円 $4x^2+9y^2=36$ を C とする。（弘前大）
(1) 直線 $y=ax+b$ が楕円 C に接するための条件を a と b の式で表せ。
(2) 楕円 C の外部の点Pから C に引いた2本の接線が直交するような点Pの軌跡を求めよ。

❹ Oを原点とする座標平面上に曲線 C がある。C は媒介変数 t により，$x=\dfrac{1}{\cos t}$, $y=\sqrt{3}\tan t$ で表されるとする。ただし，$\cos t \neq 0$ とする。（法政大・改）
(1) C の方程式は ア である。
(2) C の，傾きが正である漸近線 l の方程式は $y=$ イ である。
(3) C 上の点 $P\left(\dfrac{1}{\cos t}, \sqrt{3}\tan t\right)$ と l の距離を d とおくと $d^2=$ ウ である。

❺ 平面上の曲線 C が極方程式 $r=\dfrac{4}{3-\sqrt{5}\cos\theta}$ で表されている。（日本大）
(1) C は直交座標で ア と表された楕円を x 軸方向に イ だけ平行移動したものである。
(2) 直交座標で $y=\dfrac{1}{3}x$ と表される直線と C の第1象限内の交点をPとすると，OPの長さは ウ である。

28 [複素数平面]
複素数平面上に，次の複素数を表す点を図示せよ。
(1) $A(2+i)$
(2) $B(2-3i)$
(3) $C(-3+i)$
(4) $D(-2i)$

29 [共役複素数・複素数の絶対値]
複素数 z の共役複素数を $\overline{z}$，z の絶対値を $|z|$ で表す。
$z_1=a+bi$, $z_2=c+di$ とするとき，次の式が成り立つことを示せ。
(1) $\overline{z_1 z_2}=\overline{z_1}\cdot\overline{z_2}$
(2) $|z_1 z_2|=|z_1|\cdot|z_2|$

30 [複素数の和・差の作図]
$z_1=3+i$, $z_2=1+2i$ のとき，次の複素数で表される点を複素数平面上に図示せよ。
(1) z_1+2z_2　(2) z_1-z_2　(3) $-z_1-z_2$　(4) $z_1-\overline{z_1}$

31 [複素数の極形式]
次の複素数を極形式で表せ。ただし，偏角 θ は $0 \leqq \theta < 2\pi$ とする。
(1) $-1+i$
(2) $1-\sqrt{3}i$
(3) -1
(4) $2\left(\cos\dfrac{5}{6}\pi-i\sin\dfrac{5}{6}\pi\right)$

32 [複素数の乗法と回転]
複素数 $z=3+4i$ を表す点を原点のまわりに $\dfrac{\pi}{2}$ および $\dfrac{\pi}{4}$ 回転した点を表す複素数を求めよ。

33 [複素数の除法と回転]
原点 O, $A(3-i)$, $B(4+2i)$ がある。このとき，△OAB はどのような三角形か。

34 [複素数の n 乗の値]
次の複素数の値を求めよ。
(1) $(1+\sqrt{3}i)^6$　　　(2) $(1+i)^5$

35 [1 の n 乗根]
次の方程式を解け。
(1) $z^3=8$　　　(2) $z^6=1$

36 [2点間の距離]
次の2点間の距離を求めよ。
(1) $A(3+2i)$, $B(5-i)$　　　(2) $C(-1-2i)$, $D(3+5i)$

37 [線分の内分点・外分点]
2点 $A(-2+5i)$, $B(4-i)$ がある。線分 AB を 2：1 の比に内分する点 P と外分する点 Q を表す複素数を求めよ。

38 [三角形の重心]
3点 $A(4+5i)$, $B(-1-i)$, $C(6-i)$ を頂点とする三角形 ABC の重心を表す複素数を求めよ。

39 [絶対値記号を含む方程式の表す図形]
次の方程式は，複素数平面上でどのような図形を表すか。
(1) $|z-1-2i|=|z+2-i|$
(2) $|3z-2+3i|=6$

40 [方程式の表す図形（条件がある場合）]
点 z が原点 O を中心とする半径1の円を描くとき，次の式で表される点 w はどのような図形を描くか。
(1) $w=(1+\sqrt{3}i)z-i$　　　(2) $w=\dfrac{1-iz}{1-z}$

41 [三角形の形状]
$A(z_0)$, $B(z_1)$, $C(z_2)$ の間に次の関係式が成り立つとき，△ABC はどのような三角形か。
(1) $\dfrac{z_2-z_0}{z_1-z_0}=\dfrac{1}{2}+\dfrac{\sqrt{3}}{2}i$　　　(2) $\dfrac{z_2-z_0}{z_1-z_0}=\sqrt{3}i$

❻ $w=\sqrt{3}+i$ とおく。次の問いに答えよ。　(高知大)
(1) w を極形式で表せ。
(2) w^8 の値を求めよ。
(3) O を原点とする複素数平面上で，3点 $0, w, \dfrac{1}{w}$ が作る三角形の面積 S を求めよ。
(4) 複素数 z が $|iz+1-\sqrt{3}i|\leqq 2$ を満たすとする。このとき，
　(i) 複素数平面上で点 z が存在する領域を図示せよ。
　(ii) $l=|z+1|$ とおくとき，l の最大値と最小値を求めよ。

❼ $z^8=-8(1+\sqrt{3}i)$ を満たす複素数 z のうち，偏角 θ が小さい方から順に $z_0, z_1, \cdots, z_7$ とした とき，z_5 の偏角は ア であり，z_5 の値は イ である。　(明治大)

❽ 複素数平面上において，次の各々はどのような図形を表すか。　(鹿児島大)
(1) 複素数 z が $|z|=1$ および $z\neq 1$ を満たすとき，$w=\dfrac{1}{1-z}$ が表す点の全体
(2) 複素数 z が $|z|=1$ を満たすとき，$w=\dfrac{1}{\sqrt{3}-z}$ が表す点の全体

❾ 次の問いに答えよ。　(センター試験)
(1) 相異なる2つの複素数 a, b に対して，$\arg\dfrac{z-a}{z-b}=\pm\dfrac{\pi}{2}$ を満たす z は，複素数平面上のある円周上にある。この円は a, b を用いて，$|z-\boxed{ア}|=\boxed{イ}$ で表される。
(2) 以下，複素数の偏角は 0 以上 2π 未満とする。
　2次方程式 $x^2-2x+4=0$ の2つの解を α, β とする。ただし，α の虚部は正とする。このとき，$\arg\alpha=\boxed{ウ}$, $\arg\beta=\boxed{エ}$, $\alpha^2+\beta^2=\boxed{オ}$, $\alpha^2-\beta^2=\boxed{カ}$.
したがって，$\arg\dfrac{z-\alpha^2}{z-\beta^2}=\dfrac{\pi}{2}$ を満たす z が描く図形は $|z-\boxed{キ}|=\boxed{ク}$ で表される円のうち $\boxed{ケ}<\arg z<\boxed{コ}$ を満たす部分である。

42 [分数関数のグラフ]
関数 $y=\dfrac{-2x+1}{2x-4}$ のグラフをかけ。

43 [分数関数のグラフと定義域・値域] 必修
関数 $y=\dfrac{3x-1}{x-1}$ …① について，次の問いに答えよ。
(1) 関数①のグラフをかけ。また漸近線を求めよ。
(2) 定義域を $x\leqq 0, 2\leqq x$ とするとき，関数①の値域を求めよ。
(3) 関数①の値域が $y\geqq 2$ ($y\neq 3$) となるとき，定義域を求めよ。

44 [分数関数のグラフの平行移動]
関数 $y=\dfrac{2x+3}{x+2}$ のグラフを x 軸方向に 3, y 軸方向に 1 だけ平行移動したものをグラフとする関数の式を求めよ。

45 [分数関数のグラフと直線との交点] 必修 テスト
関数 $y=\dfrac{-x+3}{2x-1}$ …① のグラフと直線 $y=x+1$ …② との交点の座標を求めよ。

46 [分数関数のグラフと不等式]
関数 $y=\dfrac{2x}{x-1}$ …① について，次の問いに答えよ。
(1) 不等式 $\dfrac{2x}{x-1}\geqq x+2$ を満たす x の値の範囲を，関数①のグラフを利用して解け。
(2) 関数①のグラフが $y=kx+2$ ($k\neq 0$) と共有点をもつとき，k の値の範囲を求めよ。

47 [無理関数のグラフ]
次の関数のグラフをかけ。
(1) $y=\sqrt{-2x+6}$　　　(2) $y=-\sqrt{x+2}$

48 [無理関数のグラフと直線との交点] 必修 テスト
関数 $y=\sqrt{x-2}$ のグラフと直線 $y=4-x$ との交点の座標を求めよ。

49 [無理方程式と不等式] テスト
2つの関数 $y=\sqrt{2x+5}$ と $y=x+1$ のグラフを利用して，方程式 $\sqrt{2x+5}=x+1$ と不等式 $\sqrt{2x+5}>x+1$ を解け。

50 [無理関数のグラフと直線との共有点] テスト
関数 $y=\sqrt{-3x+6}$ …① のグラフと直線 $y=-x+k$ …② との共有点の個数を調べよ。

51 [逆関数]
次の関数の逆関数を求めよ。
(1) $y=3x+5$
(2) $y=\dfrac{3}{x+1}-2$

52 [逆関数とグラフ(1)] 必修 テスト
関数 $y=\dfrac{1}{3}x-1$ ($0\leqq x\leqq 3$) の逆関数を求めよ。また，そのグラフをかけ。

53 [逆関数とグラフ(2)]
次の逆関数を求め，そのグラフをかけ。また，逆関数の定義域を求めよ。
(1) $y=2x^2$ ($x\leqq 0$)　　　(2) $y=-\dfrac{1}{4}x^2+2$ ($x\geqq 0$)

54 [逆関数とグラフ(3)] テスト
関数 $y=x^2-2$ ($x\geqq 0$) …① の逆関数 $y=g(x)$ …② について，次の問いに答えよ。
(1) 関数 $y=g(x)$ を求め，グラフをかけ。
(2) 2つの関数①と②のグラフの交点の座標を求めよ。

55 [合成関数]
次の関数 $f(x), g(x)$ に対して，合成関数 $(g\circ f)(x), (f\circ g)(x), (g\circ g)(x)$ を求めよ。
$f(x)=\dfrac{3}{x+1} \quad g(x)=2x-1$

56 [逆関数の性質]
関数 $f(x)=\dfrac{3x+1}{x-a}$ の逆関数がもとの関数と一致するとき，定数 a の値を求めよ。

57 [逆関数と合成関数]
関数 $f(x)=3^x$ について，次の問いに答えよ。
(1) 関数 $f(x)$ の逆関数 $f^{-1}(x)$ を求めよ。
(2) $(f^{-1}\circ f)(x)=(f\circ f^{-1})(x)=x$ を示せ。

58 [数列の収束・発散]
次の数列の収束，発散を調べよ。
(1) $\left\{2+\dfrac{1}{n}\right\}$
(2) $\{3-n^2\}$
(3) $\{n^3-1\}$

59 [数列の極限(1)]
次の極限を調べよ。
(1) $\lim_{n\to\infty}(n^2-2n)$
(2) $\lim_{n\to\infty}(\sqrt{n}-n)$
(3) $\lim_{n\to\infty}(-1)^n$

60 [数列の極限(2)] 必修 テスト
次の極限を調べよ。
(1) $\lim_{n\to\infty}\dfrac{2n^2+3}{n^2+n-1}$
(2) $\lim_{n\to\infty}\dfrac{n+1}{\sqrt{n+3}}$

61 [数列の極限(3)] テスト
次の極限を調べよ。
(1) $\lim_{n\to\infty}(\sqrt{n^3-n+2}-n)$
(2) $\lim_{n\to\infty}\dfrac{1}{\sqrt{n^2+4n+1}-n}$

62 [$\{r^n\}$ の極限(1)] 必修 テスト
次の極限を調べよ。
(1) $\lim_{n\to\infty}\dfrac{4^n+2^n}{5^n-3^n}$
(2) $\lim_{n\to\infty}\{3^n+(-2)^n\}$
(3) $\lim_{n\to\infty}\dfrac{3^{n+2}-1}{3^n+2}$

63 [$\{r^n\}$ の極限(2)]
$\lim_{n\to\infty}\dfrac{r^{n+2}-r^{n+1}+1}{r^{n+1}+1}$ ($r\neq -1$) の極限を調べよ。

64 [はさみうちの原理]
無限数列 $\dfrac{1}{3}, \dfrac{2}{3^2}, \dfrac{3}{3^3}, \cdots, \dfrac{n}{3^n}, \cdots$ について，次の問いに答えよ．
(1) $n \geqq 2$ のとき $3^n > n^2$ が成立することを，数学的帰納法を用いて証明せよ．
(2) $\displaystyle\lim_{n\to\infty}\dfrac{n}{3^n}$ を求めよ．

65 [隣接2項間の漸化式と数列の極限] 必修 テスト
$a_1=1,\ a_{n+1}=\dfrac{1}{3}a_n+\dfrac{1}{2}\ (n=1,\ 2,\ 3,\ \cdots)$ で定義される数列 $\{a_n\}$ について，$\displaystyle\lim_{n\to\infty}a_n$ を求めよ．

66 [隣接3項間の漸化式と数列の極限]
$a_1=1,\ a_2=2,\ a_{n+2}=\dfrac{1}{3}(a_{n+1}+2a_n)\ (n=1,\ 2,\ 3,\ \cdots)$ で定義される数列 $\{a_n\}$ について，次の問いに答えよ．
(1) $b_n = a_{n+1}-a_n\ (n=1,\ 2,\ 3,\ \cdots)$ とおくとき，数列 $\{b_n\}$ の一般項を n を用いて表せ．
(2) 数列 $\{a_n\}$ の一般項 a_n を n を用いて表せ．
(3) 極限値 $\displaystyle\lim_{n\to\infty}a_n$ を求めよ．

67 [無限級数] 必修 テスト
無限級数 $\dfrac{1}{1\cdot 3}+\dfrac{1}{3\cdot 5}+\dfrac{1}{5\cdot 7}+\cdots$ の和を求めよ．

68 [無限級数の収束・発散]
次の無限級数の収束・発散を調べ，収束するときはその和を求めよ．
(1) $\dfrac{1}{\sqrt{3}+1}+\dfrac{1}{\sqrt{5}+\sqrt{3}}+\dfrac{1}{\sqrt{7}+\sqrt{5}}+\cdots$
(2) $\dfrac{1}{2}+\dfrac{3}{4}+\dfrac{5}{6}+\dfrac{7}{8}+\cdots$

69 [無限等比級数] 必修 テスト
初項 r，公比 r の無限等比級数の和 S が $\dfrac{1}{2}$ であるとき，次の問いに答えよ．
(1) r の値を求めよ．
(2) 初項から第 n 項までの和を S_n とするとき，$|S-S_n|<\dfrac{1}{10^5}$ を満たす最小の n の値を求めよ．

70 [循環小数]
循環小数 $0.3\dot{5}\dot{7}$ を分数に直せ．

71 [無限等比級数の収束条件]
無限等比級数
 $1+\cos x+\cos^2 x+\cdots$ ……①
について，次の問いに答えよ．
(1) 無限等比級数①が収束するような x の値の範囲を求めよ．
(2) この級数の和が2になるように x の値を定めよ．

72 [無限等比級数で表される関数]
無限等比級数
 $x+x(x^2-2x+1)+x(x^2-2x+1)^2+\cdots$ ……①
について，次の問いに答えよ．
(1) この無限等比級数が収束するような，実数 x の値の範囲を求めよ．
(2) この無限級数の和を $f(x)$ として，関数 $y=f(x)$ のグラフをかけ．

73 [無限等比級数と図形(1)] 必修 テスト
図のように，点 P が数直線上を原点 O から出発して，P_1, P_2, P_3, … と進んでいく．ただし，$OP_1=1$, $P_1P_2=\dfrac{1}{2}OP_1$, $P_2P_3=\dfrac{1}{2}P_1P_2$, …, $P_nP_{n+1}=\dfrac{1}{2}P_{n-1}P_n$ を満たしている．
このとき，点 P はどのような点に近づくか．

74 [無限等比級数と図形(2)] テスト
面積が1である正方形 $A_1B_1C_1D_1$ がある．正方形 $A_1B_1C_1D_1$ の辺 A_1B_1, B_1C_1, C_1D_1, D_1A_1 の中点をそれぞれ A_2, B_2, C_2, D_2 として，正方形 $A_2B_2C_2D_2$ を作る．以下，同様に作られた，正方形 $A_1B_1C_1D_1$, 正方形 $A_2B_2C_2D_2$, 正方形 $A_3B_3C_3D_3$, …, 正方形 $A_nB_nC_nD_n$, …について，各正方形の面積の総和を求めよ．

75 [漸化式と無限等比級数]
平面上に曲線 $C:y=x^2$ と点 $A_1(1,\ 0)$ がある．点 A_1 を通り y 軸に平行な直線と曲線 C との交点を P_1 とし，P_1 における曲線 C の接線と x 軸との交点を $A_2(x_2,\ 0)$ とする．次に，点 A_2 を通り y 軸に平行な直線と曲線 C との交点を P_2 とする．このようにして，次々と P_1, P_2, P_3, …, A_n, …を定める．$\triangle P_nA_nA_{n+1}$ の面積を S_n とするとき，次の問いに答えよ．
(1) 点 A_n の x 座標 x_n を n の式で表せ．
(2) S_n を n の式で表せ．
(3) $\displaystyle\sum_{n=1}^{\infty}S_n$ を求めよ．

76 [関数の極限(1)]
次の極限を調べよ．
(1) $\displaystyle\lim_{x\to\infty}\dfrac{2x+1}{x^2}$
(2) $\displaystyle\lim_{x\to-\infty}\dfrac{2x^2-x-3}{x^2+1}$
(3) $\displaystyle\lim_{x\to\infty}\left(2-\dfrac{1}{x}\right)\left(1-\dfrac{3}{x^2}\right)$
(4) $\displaystyle\lim_{x\to-\infty}(x^2-x-2)$

77 [関数の極限(2)] 必修 テスト
次の極限を調べよ．
(1) $\displaystyle\lim_{x\to-3}\dfrac{x^2-9}{x+3}$
(2) $\displaystyle\lim_{x\to 0}\dfrac{1}{x}\left(1-\dfrac{3}{x+3}\right)$
(3) $\displaystyle\lim_{x\to\infty}\dfrac{\sqrt{x+6}+x}{x+2}$
(4) $\displaystyle\lim_{x\to\infty}(\sqrt{x^2+x}-x)$
(5) $\displaystyle\lim_{x\to-\infty}(\sqrt{x^2+2x+3}+x)$

78 [右側極限・左側極限]
次の極限を調べよ．
(1) $\displaystyle\lim_{x\to 1-0}\dfrac{x}{x-1}$
(2) $\displaystyle\lim_{x\to 2}\dfrac{x}{x-2}$
(3) $\displaystyle\lim_{x\to 0}\dfrac{1}{x^2}$

79 [極限と係数の決定(1)] 必修 テスト
次の等式が成り立つように，定数 a, b の値を定めよ．
$$\lim_{x\to 2}\dfrac{a\sqrt{x+2}+b}{x-2}=1$$

80 [極限と関数の決定(2)]
次の2式を満たすような整式 $f(x)$ を求めよ．
$$\lim_{x\to 2}\dfrac{f(x)}{x^2-4}=3,\quad \lim_{x\to -2}\dfrac{f(x)}{x^2-4}=2$$

81 [指数関数・対数関数の極限]
次の極限を調べよ．
(1) $\displaystyle\lim_{x\to\infty}3^x$
(2) $\displaystyle\lim_{x\to\infty}\log_{\frac{1}{2}}x$
(3) $\displaystyle\lim_{x\to\infty}\log_{\frac{1}{3}}\dfrac{1}{x}$

82 [三角関数の極限(1)]
次の極限を調べよ．
(1) $\displaystyle\lim_{x\to\infty}\cos x$
(2) $\displaystyle\lim_{x\to\infty}\cos\dfrac{1}{x}$
(3) $\displaystyle\lim_{x\to\infty}\tan\dfrac{1}{x}$

83 [はさみうちの原理]
次の極限を調べよ．
(1) $\displaystyle\lim_{x\to-\infty}\dfrac{\sin x}{x^2}$
(2) $\displaystyle\lim_{x\to 0}x^2\cos\dfrac{1}{x}$

84 [三角関数の極限(2)] 必修
次の極限を求めよ．
(1) $\displaystyle\lim_{x\to 0}\dfrac{\sin 2x}{x}$
(2) $\displaystyle\lim_{x\to 0}\dfrac{\sin 3x}{\sin 4x}$
(3) $\displaystyle\lim_{x\to 0}\dfrac{1-\cos x}{x}$

85 [三角関数の極限(3)] テスト
次の極限を求めよ．
(1) $\displaystyle\lim_{x\to\frac{\pi}{2}}\dfrac{x-\frac{\pi}{2}}{\cos x}$
(2) $\displaystyle\lim_{x\to\infty}x\sin\dfrac{1}{x}$
(3) $\displaystyle\lim_{x\to 1}\dfrac{\sin\pi x}{x-1}$

86 [関数の連続性]
次の関数の $x=2$ における連続性を調べよ．
(1) $f(x)=\begin{cases}\dfrac{x^2-4}{|x-2|} & (x\neq 2)\\ 4 & (x=2)\end{cases}$
(2) $f(x)=\begin{cases}\dfrac{|x^2-4|}{|x-2|} & (x\neq 2)\\ 4 & (x=2)\end{cases}$

87 [中間値の定理] 必修 テスト
次の方程式は，( ) 内の区間に少なくとも1つの実数解をもつことを示せ．
(1) $x^3-2x^2+x-1=0$ $(1<x<2)$
(2) $x\cos x+\sin x+1=0$ $(0<x<\pi)$

88 [極限で表された関数] テスト
a を定数とする．$f(x)=\displaystyle\lim_{n\to\infty}\dfrac{ax+2x^n+x^{n+1}}{1+x^n+x^{n+1}}$ $(x>0)$ で定義される関数について，次の問いに答えよ．
(1) (i) $x>1$, (ii) $0<x<1$ のそれぞれの場合について $f(x)$ を求めよ．
(2) 関数 $f(x)$ が $x>0$ で連続であるように，定数 a の値を定めよ．

89 [無限級数で表された関数]
無限級数 $\displaystyle\sum_{n=1}^{\infty}x\left(\dfrac{2}{x+2}\right)^{n-1}$ ……①について，次の問いに答えよ．
(1) 無限級数①が収束する x の値の範囲を求めよ．
(2) 無限級数①が収束するとき，その和を $f(x)$ とする．
 (i) 関数 $y=f(x)$ のグラフをかけ．
 (ii) 関数 $f(x)$ の連続性を調べよ．

❿ 関数 $f(x)=\dfrac{2x+1}{x+1}$ を考える．双曲線 $y=f(x)$ の漸近線は $x=-1$ と $y=\boxed{ア}$ である．また，不等式 $f(x)>1-2x$ が成り立つような x の値の範囲は $\boxed{イ}$ である． (南山大)

11 曲線 $y=\sqrt{2x+3}$ と直線 $y=x-1$ の共有点の x 座標を求めると $x=\boxed{\text{ア}}$ である。また，不等式 $\sqrt{2x+3}>x-1$ を解くと $\boxed{\text{イ}}$ である。　(福岡大)

12 x の関数 $f(x)=a-\dfrac{3}{2^x+1}$ を考える。ただし，a は実数の定数である。　(東京理科大・改)
(1) $f(-x)=-f(x)$ が成り立つよう，a の値を求めよ。
(2) a が(1)の値のとき，関数 $f(x)$ の逆関数 $f^{-1}(x)$ を求めよ。

13 次の問いに答えよ。
(1) $\lim_{n\to\infty}(\sqrt{n^2+n}-\sqrt{n^2-n})$ を求めよ。　(明治大)
(2) $\lim_{n\to\infty}\dfrac{1\cdot2+2\cdot3+3\cdot4+\cdots+n(n+1)}{n^3}$ を求めよ。　(東京電機大)

14 座標平面上に3点 $A(2,5)$, $B(1,3)$, $P_1(5,1)$ をとる。まず，点 P_1 と点 A を結ぶ線分の中点を Q_1, 点 Q_1 と点 B を結ぶ線分の中点を P_2 とする。次に，点 P_2 と点 A を結ぶ線分の中点を Q_2, 点 Q_2 と点 B を結ぶ線分の中点を P_3 とする。以下同様に繰り返し，点 P_n と点 A を結ぶ線分の中点を Q_n, 点 Q_n と点 B を結ぶ線分の中点を P_{n+1} ($n=1, 2, 3, \cdots$) とする。点 P_n の x 座標を a_n とするとき，a_n を n の式で表し，$\lim_{n\to\infty}a_n$ を求めよ。　(信州大)

15 次の問いに答えよ。
(1) $\lim_{x\to 0}\dfrac{1-\cos x}{x^2}$ を求めよ。　(広島市大)
(2) $\lim_{x\to 3}\dfrac{\sqrt{x+k}-3}{x-3}$ が有限な値になるように定数 k の値を定め，その極限値を求めよ。　(岩手大)

16 半径1の円を C_1 とし，C_1 に内接する正三角形を A_1 とする。さらに，A_1 に内接する円を C_2, C_2 に内接する正三角形を A_2 とし，同様にして次々に，円 C_3, 正三角形 A_3, 円 C_4, 正三角形 A_4, $\cdots$ を作る。　(奈良女子大)
(1) A_1 の1辺の長さ l_1 および A_2 の1辺の長さ l_2 を求めよ。
(2) 正の整数 n に対し，円 C_n の面積を S_n, 正三角形 A_n の面積を T_n とする。S_n と T_n を求めよ。
(3) (2)の S_n, T_n に対して $\sum_{n=1}^{\infty}(S_n-T_n)$ を求めよ。

90 [関数の微分可能性]
a, b, c, d は実数とする。関数 $f(x)=\begin{cases}x-1 & (x\leq -1)\\ ax^2+bx+c & (-1<x<1)\\ d-2x & (1\leq x)\end{cases}$ がすべての x で微分可能であるとき，$a=\boxed{\ }$, $d=\boxed{\ }$ である。

91 [定義による微分]
定義に従って，次の関数を微分せよ。
(1) $y=\sqrt{3x+2}$
(2) $y=\dfrac{x}{x-1}$

92 [関数の積の導関数]
次の関数を微分せよ。
(1) $y=(2x+1)(x-1)$
(2) $y=(x^2+x-1)(x^2+1)$
(3) $y=(x+1)(x+2)(x+3)$

93 [関数の商の導関数] テスト
次の関数を微分せよ。
(1) $y=\dfrac{x^2+1}{2x-1}$
(2) $y=\dfrac{2x}{x^2-x+1}$

94 [合成関数の導関数(1)]
次の関数を微分せよ。
(1) $y=(3x+2)^4$
(2) $y=\dfrac{1}{(2x-1)^3}$

95 [合成関数の導関数(2)] テスト
次の関数を微分せよ。
(1) $y=\sqrt{3-2x}$
(2) $y=\dfrac{1}{\sqrt{x^2+x+1}}$

96 [逆関数の導関数]
次の関数について，$\dfrac{dy}{dx}$ を y の式で表せ。
(1) $x=2y^2+3y$
(2) $y^2=4x$

97 [三角関数の導関数] 必修 テスト
次の関数を微分せよ。
(1) $y=\cos(x^2+1)$
(2) $y=\sin^3x\cos^2x$
(3) $y=\dfrac{\tan x}{\sin x+2}$

98 [対数関数の導関数] テスト
次の関数を微分せよ。
(1) $y=\log_2 3x$
(2) $y=\{\log(2x-1)\}^3$
(3) $y=\dfrac{\log x}{x^2}$

99 [対数微分法]
次の関数を微分せよ。
(1) $y=\dfrac{x+1}{(x+2)^2(x+3)^3}$
(2) $y=x^{\frac{1}{x}}$ ($x>0$)

100 [指数関数の導関数]
次の関数を微分せよ。
(1) $y=e^{x^2}$
(2) $y=3^{-2x+1}$
(3) $y=e^{-x}(\sin x+\cos x)$

101 [等式の証明]
関数 $y=\sin x+\cos x$ について，$y'''+y''+y'+y=0$ を証明せよ。

102 [第 n 次導関数]
次の関数の第 n 次導関数を求めよ。
(1) $y=\cos x$
(2) $y=\log x$

103 [関数 $F(x, y)=0$ の導関数] テスト
次の式で与えられる x の関数 y の導関数 $\dfrac{dy}{dx}$ を x と y で表せ。
(1) $\dfrac{x^2}{9}-\dfrac{y^2}{4}=1$
(2) $xy=1$

104 [媒介変数表示された関数の導関数]
次の関数について，$\dfrac{dy}{dx}$ を媒介変数 t で表せ。
(1) $x=\dfrac{1}{\cos t}$, $y=\tan t$
(2) $x=\dfrac{1-t^2}{1+t^2}$, $y=\dfrac{2t}{1+t^2}$

105 [接線と法線] 必修 テスト
曲線 $y=\dfrac{2x+1}{x-1}$ 上の点 $(2, 5)$ における，接線と法線の方程式を求めよ。

106 [曲線外の点を通る接線] テスト
点 $(0, 1)$ から曲線 $y=\log 2x$ に引いた接線の方程式と接点の座標を求めよ。

107 [媒介変数表示された曲線の接線と法線]
曲線 $x=\cos^3\theta$, $y=\sin^3\theta$ 上で，$\theta=\dfrac{\pi}{6}$ に対応する点における接線と法線の方程式を求めよ。

108 [双曲線の接線]
双曲線 $\dfrac{x^2}{a^2}-\dfrac{y^2}{b^2}=1$ 上の点 (x_1, y_1) における接線の方程式を求めよ。

109 [曲線 $x^{\frac{2}{3}}+y^{\frac{2}{3}}=1$ の接線の方程式]
曲線 $x^{\frac{2}{3}}+y^{\frac{2}{3}}=1$ 上の点 (x_1, y_1) における接線の方程式を求めよ。（ただし，$x_1y_1\neq 0$）

110 [平均値の定理の利用] テスト
次の問いに答えよ。
(1) $x>0$ のとき，不等式 $1<\dfrac{e^x-1}{x}<e^x$ を示せ。
(2) $\lim_{x\to 0}\dfrac{e^x-1}{x}$ を求めよ。

111 [関数の値の増減と極値(1)]
次の関数について，増減を調べ，極値を求めよ。
$$y=\dfrac{x^2+2x+1}{x-1}$$

112 [関数の値の増減と極値(2)] 必修 テスト
次の関数について，増減を調べ，極値を求めよ。
(1) $y=\cos x+\cos^2 x$ ($0\leq x\leq 2\pi$)
(2) $y=\cos 2x+2\sin x$ ($0\leq x\leq 2\pi$)

113 [関数の値の増減と極値(3)] テスト
次の関数について，増減を調べ，極値を求めよ。
(1) $y=x^2e^{-x}$
(2) $y=\log(2-x^2)$

114 [極値をもつ条件]
関数 $f(x)=(x+a)e^{2x^2}$ が極値をもつように，定数 a の値の範囲を定めよ。

115 [関数の最大・最小] テスト
関数 $f(x)=2\sin x+\sin 2x$ ($0\leq x\leq 2\pi$) について，
(1) $f(x)$ の増減を調べ，そのグラフをかけ。
(2) $f(x)$ の最大値，最小値を求めよ。

116 [関数のグラフ]
関数 $f(x)=\dfrac{\log x}{x}$ の極値，グラフの凹凸，変曲点を調べ，グラフをかけ。
(ただし，$\lim_{x\to\infty}\dfrac{\log x}{x}=0$ を用いてもよい。)

117 [グラフの凹凸] テスト
関数 $f(x)=e^{-x}\cos x$ ($0\leq x\leq 2\pi$) について，次の問いに答えよ。
(1) 関数 $y=f(x)$ の増減を調べ，極値を求めよ。
(2) 曲線 $y=f(x)$ の凹凸を調べ，変曲点の座標を求めよ。

118 [第2次導関数と極大・極小の判定]
関数 $y=2\sin^2 x-x$ ($0\leq x\leq \pi$) について，第2次導関数を利用して極大・極小を判定せよ。

119 [関数のグラフ(1)]
関数 $y=x+\sqrt{4-x^2}$ のグラフをかけ。

120 [関数のグラフ(2)]
関数 $f(x)=\dfrac{x^2}{x-1}$ の増減, 極値, グラフの凹凸および変曲点を調べて, その概形をかけ. また漸近線の方程式を求めよ.

121 [方程式への応用]
方程式 $kx^2=e^x$ の実数解の個数を調べよ.

122 [不等式への応用] 必修 テスト
$x>0$ のとき, 次の不等式を証明せよ.
(1) $e^x>1+x$
(2) $e^x>1+x+\dfrac{x^2}{2}$

123 [速度・加速度]
点 $P(x, y)$ が時刻 t を媒介変数として, $x=\cos^3 t$, $y=\sin^3 t$ で表される曲線上を動くとき, 速度 $\vec{v}$, 加速度 $\vec{\alpha}$ とそれぞれの大きさを求めよ.

124 [近似式]
$|x|$ が十分小さいとき, 次の関数の近似式を作れ.
(1) $(1+x)^4$
(2) $\dfrac{1}{(1+x)^2}$
(3) $\tan x$

125 [近似値]
1 次の近似式を用いて, 次の近似値を求めよ. ただし, (2)では $\log 100=4.605$ を用いてもよい.
(1) 1.001^{20}
(2) $\log 100.1$

17 すべての実数 x の値において微分可能な関数 $f(x)$ は次の 2 つの条件を満たすものとする.
(A) すべての実数 x, y に対して $f(x+y)=f(y)+8xy$
(B) $f'(0)=3$
ここで, $f'(a)$ は関数 $f(x)$ の $x=a$ における微分係数である. (東京理科大・改)
(1) $f(0)=\boxed{ア}$
(2) $\displaystyle\lim_{h\to 0}\dfrac{f(h)}{h}=\boxed{イ}$
(3) $f'(1)=\boxed{ウ}$

18 次の関数を微分せよ.
(1) $y=\dfrac{1-x^2}{1+x^2}$ (宮崎大)
(2) $y=\sqrt{\dfrac{2-x}{x+2}}$ (広島市大)
(3) $y=\sin^3 2x$ (茨城大)
(4) $y=\log(x+\sqrt{x^2+1})$ (津田塾大)

19 方程式 $3xy-2x+5y=0$ で定められる x の関数 y について, $\dfrac{dy}{dx}=\dfrac{2-3y}{3x+5}$ となることを示せ. (甲南大)

20 関数 $y=\dfrac{1}{1-7x}$ の第 n 次導関数 $y^{(n)}$ を求めよ. (関西大)

21 t を媒介変数として $\begin{cases}x=e^t\\y=e^{-t}\end{cases}$ で表される曲線を C とする.
ここで, e は自然対数の底である. (東京理科大・改)
(1) $\dfrac{dy}{dx}$ を t の式で表せ.
(2) 曲線 C 上の $t=1$ に対応する点における接線の方程式を求めよ.

22 関数 $f(x)=x+\cos 2x$ がある. 関数 $y=f(x)\left(0\leqq x\leqq\dfrac{\pi}{2}\right)$ の増減およびグラフの凹凸を調べ, その概形をかけ. (山形大・改)

23 時刻 t における座標が $x=2\cos t+\cos 2t$, $y=\sin 2t$ で表される xy 平面上の点 P の運動を考えるとき, P の速さ, すなわち速度ベクトル $\vec{v}=\left(\dfrac{dx}{dt}, \dfrac{dy}{dt}\right)$ の大きさの最大値と最小値を求めよ. (東京大・改)

24 $x\geqq 0$ のとき, 次の不等式が成り立つことを示せ. (奈良教育大)
(1) $\sin x\leqq x$
(2) $1-\dfrac{1}{2}x^2\leqq\cos x$
(3) $x-\dfrac{1}{6}x^3\leqq\sin x$

25 a を実数とし, xy 平面上において, 2 つの放物線 $C: y=x^2$, $D: x=y^2+a$ を考える. (新潟大)
(1) p, q を実数として, 直線 $l: y=px+q$ が C に接するとき, q を p で表せ.
(2) (1)において, 直線 l がさらに D にも接するとき, a を p で表せ.
(3) C と D の両方に接する直線の本数を, a の値によって場合分けして求めよ.

126 [不定積分の計算(1)]
次の不定積分を求めよ.
(1) $\displaystyle\int x^4 dx$
(2) $\displaystyle\int \dfrac{1}{x^4}dx$
(3) $\displaystyle\int \dfrac{1}{\sqrt[5]{x}}dx$
(4) $\displaystyle\int \dfrac{2}{x}dx$

127 [不定積分の計算(2)] 必修
次の不定積分を求めよ.
(1) $\displaystyle\int x^2(x^2-3x+1)dx$
(2) $\displaystyle\int \dfrac{x^2+2\sqrt{x}-1}{x}dx$
(3) $\displaystyle\int \dfrac{(x-1)^3}{x^2}dx$

128 [$(ax+b)^r$ の不定積分]
次の不定積分を求めよ.
(1) $\displaystyle\int (1-3x)^2 dx$
(2) $\displaystyle\int \sqrt{3x-1}\,dx$
(3) $\displaystyle\int \dfrac{1}{\sqrt{3x-1}}dx$
(4) $\displaystyle\int \dfrac{1}{1-3x}dx$

129 [三角関数の不定積分]
次の不定積分を求めよ.
(1) $\displaystyle\int \sin 2x\,dx$
(2) $\displaystyle\int \cos^2 3x\,dx$
(3) $\displaystyle\int \dfrac{1}{\cos^2 3x}dx$

130 [指数関数の不定積分]
次の不定積分を求めよ.
(1) $\displaystyle\int e^{2x+3}dx$
(2) $\displaystyle\int (2^x+2^{-x})^3 dx$

131 [$ax+b=t$ と置換する不定積分] 必修 テスト
次の不定積分を求めよ.
(1) $\displaystyle\int x\sqrt{2x-3}\,dx$
(2) $\displaystyle\int \dfrac{x}{(1-x)^2}dx$

132 [$\displaystyle\int\dfrac{f'(x)}{f(x)}dx$ 型の不定積分]
次の不定積分を求めよ.
(1) $\displaystyle\int \dfrac{3x^2-2x+1}{x^3-x^2+x-1}dx$
(2) $\displaystyle\int \dfrac{1+\cos x}{x+\sin x}dx$
(3) $\displaystyle\int \dfrac{e^x}{e^x-1}dx$

133 [$\displaystyle\int f(g(x))g'(x)dx$ 型の不定積分] 必修 テスト
次の不定積分を求めよ.
(1) $\displaystyle\int \dfrac{\log x}{2x}dx$
(2) $\displaystyle\int xe^{-3x^2}dx$
(3) $\displaystyle\int e^{\sin x}\cos x\,dx$

134 [部分積分法(1)] 必修 テスト
次の不定積分を求めよ.
(1) $\displaystyle\int x\sin 2x\,dx$
(2) $\displaystyle\int x\log x\,dx$

135 [部分積分法(2)]
次の不定積分を求めよ.
(1) $\displaystyle\int x^2\cos x\,dx$
(2) $\displaystyle\int e^{-x}\sin x\,dx$

136 [分数関数の不定積分]
次の不定積分を求めよ.
$\displaystyle\int \dfrac{2x^3+3x^2+x+1}{2x^2+3x+1}dx$

137 [三角関数の積の不定積分]
次の不定積分を求めよ.
(1) $\displaystyle\int \sin 3x\cos 2x\,dx$
(2) $\displaystyle\int \sin 3x\sin 2x\,dx$

138 [部分分数分解を利用した不定積分] 必修
次の問いに答えよ.
(1) 等式 $\dfrac{1}{(x+1)(x+2)^2}=\dfrac{a}{x+1}+\dfrac{b}{x+2}+\dfrac{c}{(x+2)^2}$ がすべての実数 x について成立するように, a, b, c の値を定めよ.
(2) 不定積分 $\displaystyle\int \dfrac{1}{(x+1)(x+2)^2}dx$ を求めよ.

139 [定積分の計算]
次の定積分を求めよ.
(1) $\displaystyle\int_0^1 x^3 dx$
(2) $\displaystyle\int_2^4 \dfrac{1}{x}dx$
(3) $\displaystyle\int_1^2 \dfrac{3x^3+2x^2-1}{x^2}dx$

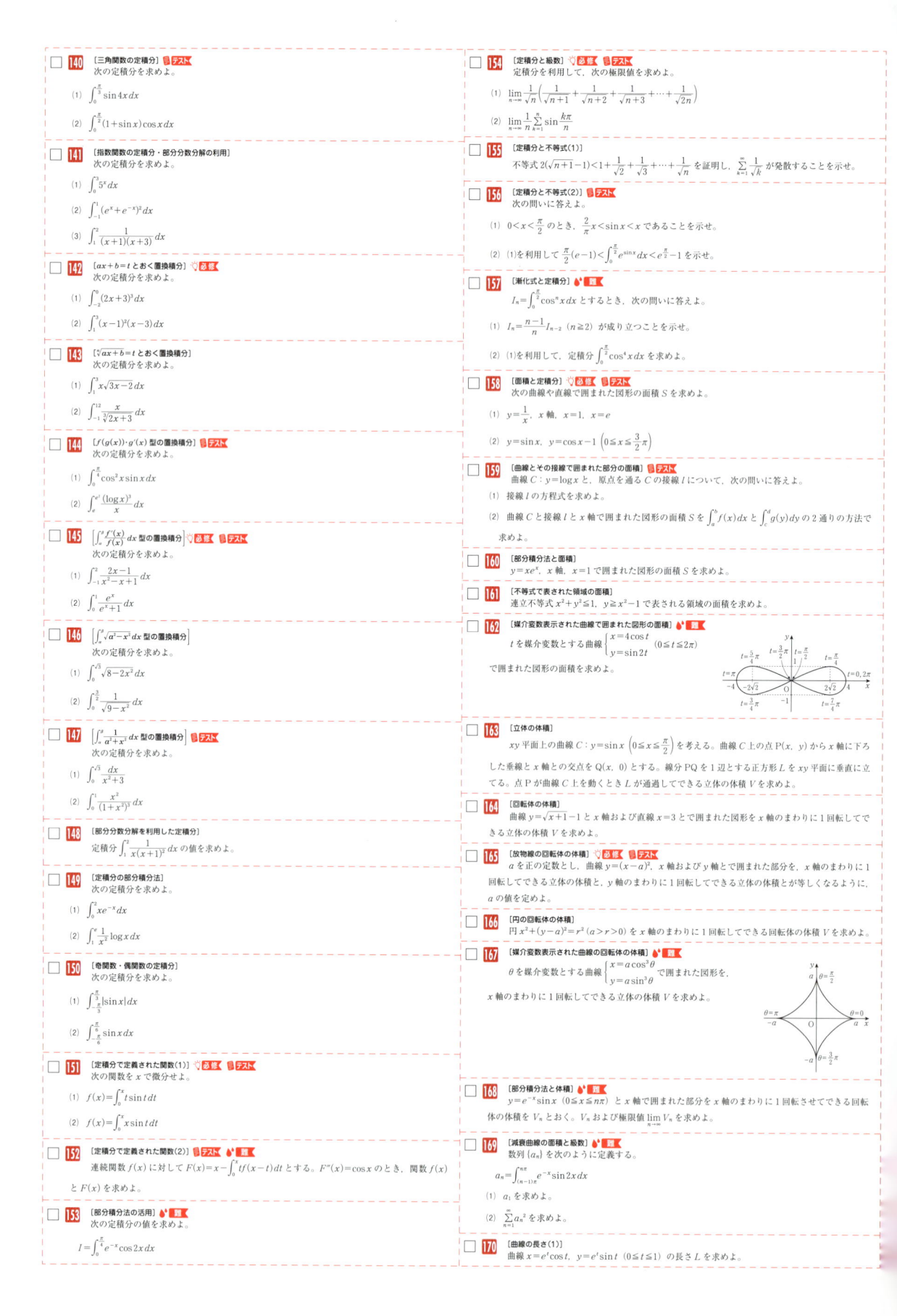

140 [三角関数の定積分] テスト
次の定積分を求めよ。
(1) $\int_0^{\frac{\pi}{3}} \sin 4x \, dx$
(2) $\int_0^{\frac{\pi}{2}} (1+\sin x)\cos x \, dx$

141 [指数関数の定積分・部分分数分解の利用]
次の定積分を求めよ。
(1) $\int_0^1 5^x \, dx$
(2) $\int_{-1}^1 (e^x + e^{-x})^2 \, dx$
(3) $\int_1^2 \frac{1}{(x+1)(x+3)} \, dx$

142 [$ax+b=t$ とおく置換積分] 必修
次の定積分を求めよ。
(1) $\int_{-2}^0 (2x+3)^3 \, dx$
(2) $\int_1^3 (x-1)^2(x-3) \, dx$

143 [$\sqrt[n]{ax+b}=t$ とおく置換積分]
次の定積分を求めよ。
(1) $\int_1^1 x\sqrt{3x-2} \, dx$
(2) $\int_{-1}^{12} \frac{x}{\sqrt[3]{2x+3}} \, dx$

144 [$f(g(x)) \cdot g'(x)$ 型の置換積分] テスト
次の定積分を求めよ。
(1) $\int_0^{\frac{\pi}{2}} \cos^2 x \sin x \, dx$
(2) $\int_e^{e^4} \frac{(\log x)^3}{x} \, dx$

145 [$\int \frac{f'(x)}{f(x)} dx$ 型の置換積分] 必修 テスト
次の定積分を求めよ。
(1) $\int_{-1}^2 \frac{2x-1}{x^2-x+1} \, dx$
(2) $\int_0^x \frac{e^x}{e^x+1} \, dx$

146 [$\int_0^a \sqrt{a^2-x^2} \, dx$ 型の置換積分]
次の定積分を求めよ。
(1) $\int_0^{\sqrt{3}} \sqrt{8-2x^2} \, dx$
(2) $\int_0^{\frac{3}{2}} \frac{1}{\sqrt{9-x^2}} \, dx$

147 [$\int \frac{1}{a^2+x^2} dx$ 型の置換積分] テスト
次の定積分を求めよ。
(1) $\int_0^{\sqrt{3}} \frac{dx}{x^2+3}$
(2) $\int_0^1 \frac{x^2}{(1+x^2)^3} \, dx$

148 [部分分数分解を利用した定積分]
定積分 $\int_1^2 \frac{1}{x(x+1)^2} dx$ の値を求めよ。

149 [定積分の部分積分法]
次の定積分を求めよ。
(1) $\int_0^2 xe^{-x} \, dx$
(2) $\int_1^e \frac{1}{x^2} \log x \, dx$

150 [奇関数・偶関数の定積分]
次の定積分を求めよ。
(1) $\int_{-\frac{\pi}{3}}^{\frac{\pi}{3}} |\sin x| \, dx$
(2) $\int_{-\frac{\pi}{6}}^{\frac{\pi}{6}} \sin x \, dx$

151 [定積分で定義された関数(1)] 必修 テスト
次の関数を x で微分せよ。
(1) $f(x) = \int_0^x t \sin t \, dt$
(2) $f(x) = \int_0^x x \sin t \, dt$

152 [定積分で定義された関数(2)] テスト 難
連続関数 $f(x)$ に対して $F(x) = x - \int_0^x tf(x-t)dt$ とする。$F''(x) = \cos x$ のとき、関数 $f(x)$ と $F(x)$ を求めよ。

153 [部分積分法の活用] 難
次の定積分の値を求めよ。
$I = \int_0^{\frac{\pi}{4}} e^{-x} \cos 2x \, dx$

154 [定積分と極限] 必修 テスト
定積分を利用して、次の極値を求めよ。
(1) $\lim_{n \to \infty} \frac{1}{\sqrt{n}}\left(\frac{1}{\sqrt{n+1}} + \frac{1}{\sqrt{n+2}} + \frac{1}{\sqrt{n+3}} + \cdots + \frac{1}{\sqrt{2n}}\right)$
(2) $\lim_{n \to \infty} \frac{1}{n} \sum_{k=1}^n \sin \frac{k\pi}{n}$

155 [定積分と不等式]
不等式 $2(\sqrt{n+1}-1) < 1 + \frac{1}{\sqrt{2}} + \frac{1}{\sqrt{3}} + \cdots + \frac{1}{\sqrt{n}}$ を証明し、$\sum_{k=1}^\infty \frac{1}{\sqrt{k}}$ が発散することを示せ。

156 [定積分と不等式(2)] テスト
次の問いに答えよ。
(1) $0 < x < \frac{\pi}{2}$ のとき、$\frac{2}{\pi}x < \sin x < x$ であることを示せ。
(2) (1)を利用して $\frac{\pi}{2}(e-1) < \int_0^{\frac{\pi}{2}} e^{\sin x} dx < e^{\frac{\pi}{2}}-1$ を示せ。

157 [漸化式と定積分] 難
$I_n = \int_0^{\frac{\pi}{2}} \cos^n x \, dx$ とするとき、次の問いに答えよ。
(1) $I_n = \frac{n-1}{n} I_{n-2}$ $(n \geq 2)$ が成り立つことを示せ。
(2) (1)を利用して、定積分 $\int_0^{\frac{\pi}{2}} \cos^5 x \, dx$ を求めよ。

158 [面積と定積分] 必修 テスト
次の曲線や直線で囲まれた図形の面積 S を求めよ。
(1) $y = \frac{1}{x}$, x軸, $x=1$, $x=e$
(2) $y = \sin x$, $y = \cos x - 1$ $\left(0 \leq x \leq \frac{3}{2}\pi\right)$

159 [曲線とその接線で囲まれた部分の面積] テスト
曲線 $C: y = \log x$ と、原点を通る C の接線 l について、次の問いに答えよ。
(1) 接線 l の方程式を求めよ。
(2) 曲線 C と接線 l と x 軸で囲まれた部分の面積 S を $\int_a^b f(x)dx$ と $\int_c^d g(y)dy$ の2通りの方法で求めよ。

160 [部分積分法と面積]
$y = xe^x$, x軸, $x=1$ で囲まれた図形の面積 S を求めよ。

161 [不等式で表された領域の面積]
連立不等式 $x^2 + y^2 \leq 1$, $y \geq x^2 - 1$ で表される領域の面積を求めよ。

162 [媒介変数表示された曲線で囲まれた図形の面積] 難
t を媒介変数とする曲線 $\begin{cases} x = 4\cos t \\ y = \sin 2t \end{cases}$ $(0 \leq t \leq 2\pi)$ で囲まれた図形の面積を求めよ。

163 [立体の体積]
xy平面上の曲線 $C: y = \sin x$ $\left(0 \leq x \leq \frac{\pi}{2}\right)$ を考える。曲線 C 上の点 $P(x, y)$ から x 軸に下ろした垂線と x 軸との交点を $Q(x, 0)$ とする。線分 PQ を 1 辺とする正方形 L を xy 平面に垂直に立てる。点 P が曲線 C 上を動くとき L が通過してできる立体の体積 V を求めよ。

164 [回転体の体積]
曲線 $y = \sqrt{x+1}-1$ と x 軸および直線 $x=3$ とで囲まれた図形を x 軸のまわりに 1 回転してできる立体の体積 V を求めよ。

165 [放物線の回転体の体積] 必修 テスト
a を正の定数とし、曲線 $y = (x-a)^2$, x軸および y軸とで囲まれた部分を、x 軸のまわりに 1 回転してできる立体の体積と、y 軸のまわりに 1 回転してできる立体の体積とが等しくなるように、a の値を定めよ。

166 [円の回転体の体積]
円 $x^2 + (y-a)^2 = r^2$ $(a > r > 0)$ を x 軸のまわりに 1 回転してできる回転体の体積 V を求めよ。

167 [媒介変数表示された曲線の回転体の体積] 難
θ を媒介変数とする曲線 $\begin{cases} x = a\cos^3 \theta \\ y = a\sin^3 \theta \end{cases}$ で囲まれた図形を、x 軸のまわりに 1 回転してできる立体の体積 V を求めよ。

168 [部分積分法と体積] 難
$y = e^{-x}\sin x$ $(0 \leq x \leq n\pi)$ と x 軸で囲まれた部分を x 軸のまわりに 1 回転させてできる回転体の体積を V_n とおく。V_n および極限値 $\lim_{n \to \infty} V_n$ を求めよ。

169 [減衰曲線の面積と級数] 難
数列 $\{a_n\}$ を次のように定義する。
$a_n = \int_{(n-1)\pi}^{n\pi} e^{-x} \sin 2x \, dx$
(1) a_1 を求めよ。
(2) $\sum_{n=1}^\infty a_n^2$ を求めよ。

170 [曲線の長さ(1)]
曲線 $x = e^t \cos t$, $y = e^t \sin t$ $(0 \leq t \leq 1)$ の長さ L を求めよ。

171 [曲線の長さ(2)]
曲線 $y=\log(\sin x)$ $\left(\dfrac{\pi}{3} \leq x \leq \dfrac{\pi}{2}\right)$ の長さ L を求めよ。

172 [道のり]
座標平面上を動く点 P の時刻 t における座標が
$$x=\int_0^t (1+\theta)\cos\theta\, d\theta,\quad y=\int_0^t (1+\theta)\sin\theta\, d\theta$$
で与えられている。時刻 $t=0$ から 2π までの点 P の動く道のり L を求めよ。

173 [微分方程式]
次の微分方程式を解け。
$$\dfrac{dy}{dx}=e^y \quad (x=e,\ y=-1 \text{を満たす})$$

174 [曲線の決定]
p を任意の定数とする放物線 $y^2=4px$ と交わる曲線があり, 交点におけるそれぞれの接線の傾きは垂直である。この曲線の中で点 $(0,\ 1)$ を通るものの方程式を求めよ。

26 次の不定積分を求めよ。
(1) $\displaystyle\int \dfrac{x^2}{x^2-1}\, dx$ （茨城大）
(2) $\displaystyle\int \cos^3 x\, dx$ （岡山県立大）

27 次の定積分を求めよ。
(1) $\displaystyle\int_{-1}^{1} \sqrt{4-x^2}\, dx$ （奈良教育大）
(2) $\displaystyle\int_{1}^{e} x^2 \log x\, dx$ （東京電機大）

28 $x \geq 0$ のとき, 関数 $F(x)=-x+\displaystyle\int_0^x (xt-t^2)e^t\, dt$ が最小となるときの x の値を求めよ。 （大分大・改）

29 曲線 $C: y=xe^{-2x}$ の変曲点と原点を通る直線を l とする。曲線 C と直線 l で囲まれた部分の面積を求めよ。 （弘前大）

30 $0 \leq x \leq \dfrac{\pi}{2}$ において, $y=\sin x$ と $y=\sqrt{3}\cos x$ にはさまれた図形を D とする。D を x 軸のまわりに 1 回転してできる立体の体積を求めよ。 （三重大・改）

31 平面上の曲線 C が媒介変数 t を用いて $x=\sin t-t\cos t,\ y=\cos t+t\sin t$ $(0 \leq t \leq \pi)$ で与えられているとき, 曲線 C の長さを求めよ。 （九州大・改）

32 第 1 象限内に曲線 C がある。C 上の任意の点 P における接線が x 軸, y 軸と交わる点をそれぞれ Q, R とする。点 P は常に線分 QR を $2:1$ に外分するという。このとき, 曲線 C の満たす微分方程式は ア である。また, C が点 $(4,\ 1)$ を通るとき, C の方程式は イ である。 （日本大）

MEMO

MEMO

MEMO

MEMO

MEMO

B